Sitzungsberichte
der Akademie der Wissenschaften
der DDR
Mathematik – Naturwissenschaften – Technik

20 N

1978

Emanuel Heinisch

Biogeochemische Kreisläufe persistenter organischer Verbindungen

Dargestellt am Hexachlorbenzol

AKADEMIE-VERLAG · BERLIN

Sitzungsberichte
der Akademie der Wissenschaften
der DDR
Mathematik — Naturwissenschaften — Technik

Jahrgang 1978 · 20/N

Emanuel Heinisch

Biogeochemische Kreisläufe persistenter organischer Verbindungen

Dargestellt am Hexachlorbenzol

AKADEMIE-VERLAG · BERLIN
1978

Vortrag gehalten von
Prof. Dr. sc. nat. Emanuel Heinisch,
Institut für Geographie und Geoökologie der
AdW der DDR, vor der Klasse
Umweltschutz und Umweltgestaltung
am 6. April 1978

Herausgegeben im Auftrage
des Präsidenten der Akademie
der Wissenschaften der DDR
von Vizepräsident Prof. Dr. Heinrich Scheel

Erschienen im Akademie-Verlag, 108 Berlin, Leipziger Str. 3–4

Lizenznummer: 202 · 100/174/79
Gesamtherstellung: VEB Druckhaus Köthen
Bestellnummer: 762 711 8 (2010/78/20/N) · LSV 1315
Printed in GDR
DDR 7,50 M

1. Einleitung

Kreisläufe von Elementen, die als essentielle Nährstoffe wirken (wie Stickstoff, Phosphor, Kohlenstoff usw.) oder durch ihre Toxizität auffallen (wie Hg, Cd, Se u.a.), sind unter verschiedenen Bezeichnungen seit mehr als einem Jahrhundert bekannt. Bei komplexer Betrachtung werden sie heute gern biogeochemische Zyklen genannt, was hauptsächlich die Wechselbeziehungen biotischer und abiotischer Einflüsse sowie ihre passiven und aktiven Rollen innerhalb dieser Kreisläufe deutlich machen soll. Übertragen auf chemische Verbindungen, insbesondere auf stabile organische Moleküle, bedeutet dies *Untersuchung auf die mengenmäßige Stoffwandlung und den Transport in Raum und Zeit unter der Einwirkung natürlich entstandener und anthropogen geschaffener biotischer und abiotischer Faktoren.* Ziel des Vorhabens ist die Erkundung der Persistenz und des Ab- und Umbaues der Verbindungen in Pedo-, Hydro- und Atmosphäre, in pflanzlichen und tierischen Organen und Geweben sowie der Bedingungen zum Transport der Stoffe und ihrer Ab- und Umbauprodukte innerhalb dieser Medien als grundsätzliche Voraussetzung für die Voraussage der beabsichtigten Wirkungen, wenn es sich um gezielt applizierte Präparate handelt, sowie deren nicht gewollte Neben- und Folgewirkungen. Unter gezielt angewandten Präparaten verstehen wir solche, deren Eintrag nach Art, Menge, Zeit und weiteren speziellen Parametern durch staatliche Instanzen festgelegt ist. Hierzu gehören also z.B. alle rezeptpflichtigen Pharmaka, alle amtlich anerkannten und zugelassenen Pflanzenschutz- und Schädlingsbekämpfungsmittel sowie Präparate zur Steuerung biologischer Prozesse und die große Palette der Lebensmittelzusatzstoffe. Aber auch die ökologischen und toxikologischen sowie die ökonomischen Effekte von Stoffen, deren Eintrag in die Umwelt nur durch ihre Zweckbestimmung reguliert wird (wie z.B. Bau- und Bauhilfsstoffe, flüssige Energieträger, Plaste und Elaste, Waschmittel, Farben und Lacke, Industriegase u.a.m.) und schließlich die chemisch definierbaren Bestandteile fester, flüssiger und gasförmiger Abprodukte der ökonomischen und sozialen Aktivitäten des Menschen können nur dann eingeschätzt und bewertet werden, wenn ihr Verhalten innerhalb dieser Medien bekannt ist.

Eines der wichtigsten und ergiebigsten Objekte zum Studium biogeochemischer Zyklen sowie ökotoxikologischer Forschungen der sechziger Jahre unseres

Jahrhunderts war das Chlorkohlenwasserstoff-Insektizid 1,1,1-Trichlor-2,2-bis-(4-chlorphenyl)-äthan mit der internationalen Kurzbezeichnung (common name der Internationalen Standardisierungs-Organisation I.S.O.) DDT. Wenn auch die Weltproduktionszahlen dieser Verbindung nie ganz exakt ermittelbar sein werden – die Schätzungen liegen bei etwa 2 bis 3 Millionen Tonnen – so genügen derartige Näherungswerte bei Kenntnis der Eigenschaften dieses Stoffes für eine globale ökotoxikologische Bewertung vollauf.

Hinzu kommt noch, daß das DDT, von minimalen Mengen abgesehen, die z.B. für Forschungszwecke vielfältiger Natur verwendet wurden, stets gezielt zur Erreichung einer ganz bestimmten Wirkung in die Umweltmedien Luft, Boden und Wasser abgegeben wurde: es sollte seine insektiziden Eigenschaften entfalten. Dies erfolgte in der landwirtschaftlichen, gärtnerischen oder forstwirtschaftlichen Pflanzenproduktion wie auch – vor allem in tropischen und subtropischen Bereichen unseres Planeten – zur Seuchenhygiene.

Nicht zu vergessen ist der erste Großeinsatz von DDT nach dem zweiten Weltkrieg zur Parasitenbekämpfung. Folgende Tatsachen müssen jedoch im Zusammenhang mit dem vorliegenden Thema besonders hervorgehoben werden:

- DDT hatte stets prinzipiell nur *einen* Einsatzbereich – die Insektenbekämpfung – und auch stets nur eine Quelle, und zwar die gezielte Herstellung des Produktes für *einen klar bestimmten Zweck.*
- Die Anwendung des Wirkstoffes bzw. seiner Handelspräparate unterlag in dem Maße, wie seine ökotoxikologischen Nebenwirkungen einschließlich seiner Persistenz in biotischen und abiotischen Medien bekannt wurden, in nahezu allen Staaten Beschränkungen hinsichtlich der eingesetzten Mengen (Konzentrationen), der Anwendungsform (Formulierung), -zeit und -raum. Diese Einschränkungen führten schließlich zu weitverbreiteten Einsatz- und sogar Produktionsverboten, deren Auswirkungen in einem häufig beobachteten Rückgang von DDT in Boden, Wasser, tierischem Fettgewebe usw. liegen.

In der vorliegenden Publikation soll belegt werden, daß das Hexachlorbenzol (im folgenden HCB genannt) eine andere Bewertung, vor allem in ökotoxikologischer Hinsicht verlangt.

In der zweiten Hälfte der sechziger Jahre fand man im Verlaufe von Untersuchungen über die Anwesenheit, den Metabolismus usw. der eingangs erwähnten Chlorkohlenwasserstoff-Insektizide in den verschiedensten Organismen, aber auch (später) in Industrieprodukten und -abprodukten sowie in Lebensmitteln HCB in Mengen, die größenordnungsmäßig denen der anderen Chlorkohlenwasserstoffe vergleichbar und in einigen Fällen sogar höher waren. Zunächst war man sich im internationalen Schrifttum nicht immer eindeutig klar darüber, ob die (gas- oder dünnschichtchromatographisch) nachgewiesene Substanz auch tatsächlich HCB sei. In sehr seltenen Fällen wurde auf diese Unsicherheit (Verwechslung von HCB mit α-HCH oder Addition beider Verbindungen) hingewiesen (Rosival u. Szokolay 1975, Szokolay u. Rosival 1975, Sackmauerová u. Mitarb. 1977).

Im folgenden sollen einige besonders typische Beispiele derartiger, nunmehr exakt durchgeführter Analysen vorgestellt werden. Acker u. Schulte (1974) sowie Rappl u. Waiblinger (1975) wiesen in Humanfettgewebe sowie in Humanmilch und -milchfett HCB-Werte nach, die etwa halb so hoch waren wie die entsprechenden DDT-Werte und die von Lindan bzw. HCH um das 20- bis 100fache überstiegen (Tab. 1).

Tabelle 1
Durchschnittsrückstände von Halogenkohlenwasserstoffen in Humanfettgeweben, -milch und -milchfett in der BRD (nach Acker und Schulte 1974 sowie Rappl und Waiblinger 1975)

Substrat	Gehalt in ppm an:				
	DDT-total	α-HCH	β-HCH	γ-HCH	HCB
Fettgewebe	3,878...8,573	0,014...0,031	0,460...1,300	0,057...0,160	2,900...4,800
Milch	0,107	–	–	0,012	0,029
Milchfett	4,82	–	–	0,450	1,78

Ein ähnliches Verhältnis von DDT:HCB ist den Humanmilch-Untersuchungen von Luquet u. Mitarb. (1974) zu entnehmen, wenngleich hier, infolge der Anwendung von technischem HCH in Frankreich, die Gesamt-HCH-Werte hoch waren (Tab. 2). Teilweise höhere HCB-Konzentrationen als beim DDT wurden von Acker (1974) in der Kuhmilch (BRD) gefunden (Tab. 3).

Tabelle 2
Rückstände von Halogenkohlenwasserstoffen (ppm) in der Humanmilch aus ausgewählten Regionen in Frankreich 1969–1973 (nach Luquet u. Mitarb. 1974)

Probenahme in:	Durchschnittsgehalt der Milch an: α-HCH	β-HCH	γ-HCH	Σ HCH	ΣDDT	HCB
Lille	0,03	1,43	0,05	1,51	3,40	1,50
Bordeaux	0,03	1,43	0,06	1,52	3,41	0,67
Lyon	0,05	1,95	0,13	2,13	3,41	1,00
Marmande	0,05	1,34	0,07	1,46	4,58	0,98
Nantes	0,03	1,96	0,06	2,05	3,51	0,68
Paris	0,04	1,57	0,08	1,69	3,92	1,06
Rouen	0,03	1,66	0,07	1,76	2,58	1,22
St. Etienne	0,04	2,49	0,05	2,58	3,15	0,98
Strassbourg	0,04	1,16	0,04	1,24	2,16	0,78

Tabelle 3
Rückstände von Halogenkohlenwasserstoffen (Durchschnittswerte) in Kuhmilch (ppm) in der BRD (nach ACKER 1974)

α-HCH	0,03...0,11
γ-HCH	0,01...0,11
Aldrin/Dieldrin	0,02...0,066
Heptachlor/Heptachlorepoxid	0,01...0,066
DDT-total	0,04...0,46
HCB	0,15...0,17

Tabelle 4
Gehalte an chlorierten Kohlenwasserstoffen im Körperfett einiger Greifvögel (angegeben in ppm, bezogen auf Fettbasis), bestimmt mit einer gaschromatographischen Methode (nach ACKER u. SCHULTE 1971)

	α-HCH	γ-HCH	β-HCH	DDT	DDE	HCB
Waldohreulen[1]	0,1	0,4	0,2	n.n.	5,9	13
Waldohreulen[2]	0,1	13	0,7	n.n.	197	210
Sperber[3]	0,1	0,7	0,7	1,4	6,1	78
Baumfalken[4]	0,4	0,1	0,5	n.n.	250	1,9

[1] Depotfett aus 2 Tieren mit wenig Fett (etwa 0,5...1 g/Tier)
[2] Depotfett aus 3 Tieren mit wenig Fett (etwa 0,5...1 g/Tier)
[3] Depotfett aus 2 Tieren mit relativ viel Fett (etwa 10 g/Tier)
[4] Gehirnlipide aus 1 Tier

Besonders deutlich treten die hohen Kontaminationen von HCB gegenüber den anderen Insektiziden bei Greifvögeln, einer anderen Gruppe von Endgliedern biologischer Ketten auf, wie ACKER und SCHULTE bereits 1971 nachwiesen (Tab. 4).

Da diese HCB-„Funde“ stets gemeinsam mit Chlorkohlenwasserstoffinsektiziden nachgewiesen wurden und bekannt war, daß HCB-enthaltende Fungizide in der Pflanzenproduktion zum Einsatz kamen, ordnete man sie bis 1972 durchweg und später häufig einfach in die Kategorie der „Pestizide“ ein. Dies hatte u.a. zur Folge, daß man die Anwendung HCB-enthaltender Präparate (in der DDR ist gegenwärtig lediglich die Falisan-HB-Universal-Trockenbeize 69 mit einem HCB-Gehalt von 10% gegen Weizensteinbrand *Tilletia tritici*, Schneeschimmel *Calonectria graminocola*, Streifenkrankheit der Gerste *Helminthosporium gramineum*, Flugbrand der Gerste *Ustillago nuda* – alle 200 g/100 kg Saatgut –, Haferflugbrand *Ustillago avenae*, 300 g/100 kg Saatgut und den samenbürtigen Wurzelbrand der Rüben *Phytium de Baryanum Hesse*, 600 g/100 kg Saatgut, amtlich anerkannt und zugelassen; o.V. 1976a), die in der Pflanzenproduktion ohnedies nur auf wenige Bereiche eingeschränkt und mengenmäßig minimal war, in vielen Staaten mit strengen Restriktionen belegte und zum Teil sogar gänzlich verbot. Dies erfolgte durchweg mit dem Ziel, die Kalamität des ubiquitären Vorhandenseins von HCB in gleicher Weise wie bei dem DDT zunächst einzuschränken und schließlich zu beheben.

Experten des Pflanzenschutzes, die als erste mit diesem Problem konfrontiert waren, stellten fest, daß die im Pflanzenschutz eingesetzten Mengen, verglichen mit denen des DDT, HCH, der Dien-Insektizide usw., die sich global durchweg im Millionen-Tonnen-Maßstab bewegen, geradezu winzig sind. Wenn auch für HCB fast gar keine Produktions- oder Anwendungszahlen vorliegen (in den USA lag der Verbrauch an HCB-Wirkstoff 1971 bei 6800 kg – o.V. 1973 –, in Italien 1966 bis 1972 bei 60000 kg/Jahr – LEONI u. D'ARCA 1975 – und in der DDR, zurückgerechnet an der Anwendung von Falisan HB-Trockenbeize 1966/67 bei etwa 1500 kg), so war es doch offensichtlich, daß die in der Pflanzenproduktion angewandten Mengen an Chlorkohlenwasserstoff-Insektiziden (vor allem in den Jahren 1960 bis 1970) jährlich um 4 bis 6 Zehnerpotenzen höher lagen als die von HCB.

Aus der Tatsache, daß die – inzwischen vielfach belegten und analytisch verifizierten – Mengen an HCB in zahlreichen biotischen und abiotischen Medien die Zahlenbereiche der anderen Chlorkohlenwasserstoff-Insektizide erreichen und zum Teil sogar überschreiten, können nur zwei Schlußfolgerungen gezogen werden:

- HCB kommt auch auf anderen, der Landwirtschaft nicht zuzuordnenden Wegen in die Umweltmedien.
- HCB hat, auch wenn es nur in relativ geringen Mengen in die Umwelt gelangt, die Eigenschaften, welche die Chlorkohlenwasserstoff-Insektizide und insbesondere das DDT zu seinem ubiquitären Verhalten befähigen, in weitaus stärkerem Maße.

Ziel der vorliegenden Arbeit soll es also sein, diese beiden Postulate zu belegen und schließlich die hieraus notwendigen Konsequenzen zu formulieren. Hierzu wird es nötig sein, die chemischen und physikalischen Eigenschaften der Verbindung – als Voraussetzung für ihr Verhalten in biotischen und abiotischen Medien –, ihre toxikologischen und biochemischen Wirkungen – als Begründung für das Interesse, das man dem HCB entgegenbringt – und seine Präsenz sowie sein Verhalten in diesen Medien zu beschreiben. Als besonders bedeutsam werden jedoch die zahlreichen Quellen der HCB-Kontamination der Umweltmedien im Zusammenhang mit den Beschränkungen seiner Anwendung in der Pflanzenproduktion angesehen.

2. Chemische, physikalisch-chemische und physikalische Eigenschaften von Hexachlorbenzol

Die ökotoxikologische Bedeutung wird bestimmt durch die folgenden Eigenschaften:

- die fast gänzlich fehlende chemische Reaktionsbereitschaft, deren wichtigster Ausdruck die Persistenz in biotischen und abiotischen Medien ist;

- die Wasser- und Lipoidlöslichkeit, die insbesondere das Verhalten bzw. die Akkumulation der Verbindung in biologischen Ketten bewirkt und die pharmakologische Wirkung – als wesentlicher, wenn nicht ausschlaggebender Beitrag zum Metabolismus dieser extrem körperfremden Substanz – verursacht;
- der Dampfdruck und die Wasserdampf-Flüchtigkeit, die vor allem für die Mobilität, also den Übergang von einem (abiotischen oder biotischen) Medium in ein anderes verantwortlich zu machen ist.

In Tabelle 5 sind die uns bekannt gewordenen, wichtigsten physikalischen und chemischen Eigenschaften von HCB zusammengefaßt.

Tabelle 5
Physikalische und chemische Eigenschaften von Hexachlorbenzol

Beschaffenheit: farblose, kristalline Substanz

Schmelzpunkt:	techn. Produkt etwa	220 °C
	nach Melnikow (1971)	226 °C
	nach Beck u. Hansen (1974)	230 °C
	nach Perkow (1974)	231 °C im geschlossenen Rohr

Siedepunkt: 323...326 °C

Dampfdruck: $1{,}089 \cdot 10^{-5}$ Torr bei 20 °C

Dichte: d_4^{20}: 2,049 d_{20}^{23}: 2,044

Sublimierbarkeit: bei Normaldruck ab 90 °C leicht sublimierbar

Löslichkeit in Wasser: bei 25 °C: 5,0 µg/l = 5 ppb (Weil u. Mitarb. 1974)

Organische Lösungsmittel: kaum löslich in kaltem Äthanol, schwer löslich in Tetrachlorkohlenstoff, löslich in heißem Benzol, Chloroform, Äther und Schwefelkohlenstoff

Lipoidsubstanzen: sehr gut löslich

Wasserdampfflüchtigkeit: außerordentlich hohe Flüchtigkeit mit Wasserdampf selbst bei niedrigen Temperaturen

Verhalten gegenüber Säuren und Laugen, Oxydations- und Reduktionsmitteln: die Verbindung ist bei Raumtemperaturen weitestgehend stabil; chemische Reaktionen beginnen in einem Anfangsbereich von 130...200 °C; mit ätzenden Alkalien bildet sich Pentachlorphenol

Verhalten gegenüber Strahlung: bei Einwirkung von Sonnenlicht auf die kristalline oder fein verteilte Verbindung findet keine Photolyse statt. Bei Bestrahlung von in Hexan oder Methanol gelöstem HCB mit Wellenlängenbereichen von >220 nm bzw. >260 nm erfolgt schnell reduktive Dechlorierung zu Pentachlor- und Tetrachlorbenzol bzw. in Methanol auch in geringer Menge Bildung von Pentachlorbenzylalkohol (Plimmer u. Klingbiel 1976)

Von allen in dieser Tabelle zusammengefaßten physikalischen Eigenschaften ist die extrem geringe Wasserlöslichkeit bei gleichzeitig guter Lipoidlöslichkeit am bedeutsamsten. Vergleicht man die Löslichkeit von HCB in Wasser bei Raumtemperatur (25 °C) mit der von anderen als Umweltkontaminanten in Erscheinung tretenden Halogenkohlenwasserstoffen (Tab. 6), so ist zu erkennen daß ausschließlich das TCDD (2,3,7,8-Tetrachlordibenzo-p-dioxin) noch weniger wasserlöslich ist, was in diesem Falle von nicht so großer Bedeutung erscheint, da diese Verbindung nur in relativ geringen Mengen bei Havarien in die Umwelt gelangt (als Schätzwert könnte man eine Zahl um etwa 5000 kg insgesamt nennen) und sie außerdem nur sehr wenig lipoidlöslich ist.

Tabelle 6
Löslichkeit einiger als Umweltkontaminanten in Erscheinung tretender Halogenkohlenwasserstoffe in Wasser (erweitert nach Weil u. Mitarb. 1974)

Verbindung (common name)	Löslichkeit in Wasser bei 25 °C in µg/l (ppb)
TCDD	0,5
HCB	5,0
p,p'-DDT	5,5
Clophen A 6 (Isomerengemisch polychlorierter Biphenyle mit 60% Cl)	9,0
o,p'-DDT	26
Methoxychlor	100
Dieldrin	200
β-HCH	240
Endrin	260
β-Endosulfan	280
α-Endosulfan	580
Camphechlor	740
Dicofol	1320
α-HCH	2000
γ-HCH (Lindan)	7800
δ-HCH	31400

Der nur geringe Löslichkeitsunterschied zwischen HCB und p,p'-DDT täuscht über die Realitäten; bei den DDT-Werten der Literatur wird vorwiegend die Summe der beiden Isomeren genannt, und da liegt die Wasserlöslichkeit entsprechend dem Anteil von 20 bis 30% an o,p'-Isomeren bei etwa 12 bis 15 µg/l, d.h., sie ist mehr als doppelt so hoch wie die des HCB. Besonders auffallend ist der Wert für Lindan, der um 3 Zehnerpotenzen höher liegt und somit sicherlich eine treffende Erklärung für die – zumeist auch um 3 Zehnerpotenzen – niedrigeren Rückstandswerte in Fettgewebe und Milch liefert.

Hervorzuheben ist weiterhin die geringe Reaktionsbereitschaft, die als Erklärung für das Auffinden entweder gar keiner Metabolite (Boden, Wasser, Pflanze) oder nur einer sehr geringen Neigung zur Verstoffwechselung in tierischen Organen und Geweben herangezogen werden kann. Die Wasserdampfflüchtigkeit auch bei geringen Temperaturen ist gemeinsam mit dem relativ hohen Dampfdruck (im Vergleich mit ähnlichen Substanzen wie Lindan und DDT) die Ursache für den Übergang des HCB aus dem Boden in die Atmosphäre, da man, wie bereits erwähnt, im Boden keine HCB-Abbauprodukte nachweisen konnte. In der Tabelle 7 sind die Dampfdruckwerte für einige in verschiedenen Zweigen der Volkswirtschaft zumeist in größeren Mengen angewandte Chlorkohlenwasserstoffe sowie zwei Phosphororganika zusammengefaßt. Sie sollen als vergleichende Orientierungszahlen angesehen werden.

Tabelle 7
Dampfdruckwerte für einige Chlorkohlenwasserstoffe und andere in die Umwelt eingetragene Chemieprodukte (erweitert nach PERKOW 1974)

Substanz	Torr (20 °C)
Chloroform	150,5
Perchloräthylen	14,0
Hexachlorbutadien	0,5
Dimethoat	$2{,}5 \times 10^{-1}$
Dichlorvos	$1{,}2 \times 10^{-2}$
Hexachlorbenzol	$1{,}1 \times 10^{-5}$
Lindan	$9{,}6 \times 10^{-6}$
DDT	$1{,}3 \times 10^{-7}$
Dieldrin	$7{,}8 \times 10^{-7}$

Besonders interessant dürfte auch hier der Verleich HCB-Lindan sein, da das Lindan in einigen Bereichen als „über die Gasphase wirkendes Insektizid" eingesetzt wird und trotzdem über einen niedrigeren Dampfdruck verfügt als das HCB.

3. Quellen des Eintrages von Hexachlorbenzol in die Umweltmedien

HCB wurde erstmalig 1824 von FARADAY synthetisiert (STIJVE 1971). YERSIN führte das Präparat 1946 als fungizides Saatgutbeizmittel mit einem sehr spezifischen Wirkungsradius im Weizen-, Gersten- und Betarübenbau ein (LEONI u. D'ARCA 1975). Auf die global außerordentlich geringe mengenmäßige Bedeutung dieses Pflanzenschutzmittels wurde bereits verwiesen.

Wenn durch die Landwirtschaft bedingte Ursachen für HCB-Kontaminationen zusammengefaßt werden sollen, müssen zwei weitere Quellen genannt werden. Hexachlorbenzol ist Ausgangs- bzw. Nebenprodukt bei der Herstellung zahlreicher Erzeugnisse der chemischen Industrie, von denen zunächst das Fungizid *Quintozen* (PCNB; Pentachlornitrobenzol) und das Herbizid *Chlorthal-methyl* (Dacthal; 2,3,5,6-Tetrachlor-terephthalsäure-dimethylester) erwähnt werden sollen.

Bei der Herstellung von Quintozen, das auch in der DDR angewendet wird, können nach Schlör (1970) zwei Wege beschritten werden. Die Chlorierung von Nitrobenzol in Chlorsulfonsäure bei 60 bis 70 °C mit Jod als Katalysator liefert ein Produkt, das nach Zimmerli und Marek (1972) bis zu 6% HCB enthalten kann (Abb. 1).

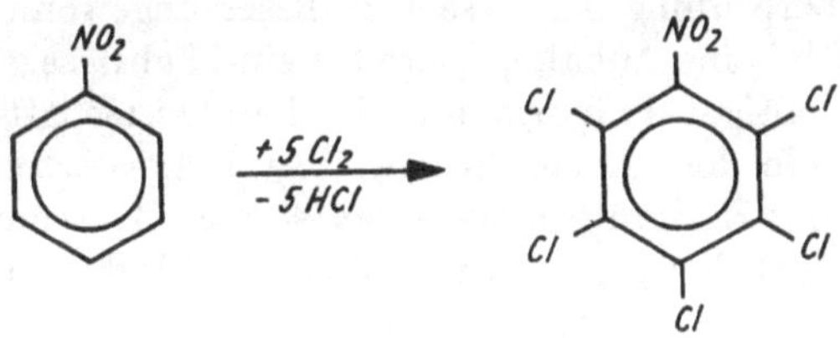

Abb. 1 Clorierung von Nitrobenzol in Chlorsulfonsäure bei 60–70 °C mit Jod als Katalysator

Bei dem zweiten Weg wird Pentachlorbenzol (im Folgenden zumeist 5 ClB genannt) nitriert. Das hierbei entstehende Quintozen enthält zwar nur etwa 0,1 bis 0,2% HCB, dagegen verbleiben in dem Endprodukt größere Mengen – bis zu 10% – 5ClB. Die Verunreinigungen des Quintozen waren auch die Ursache dafür, daß HCB und 5ClB in gärtnerisch bzw. landwirtschaftlich genutzten Böden und in den hierauf wachsenden Kulturpflanzen nachgewiesen wurden.

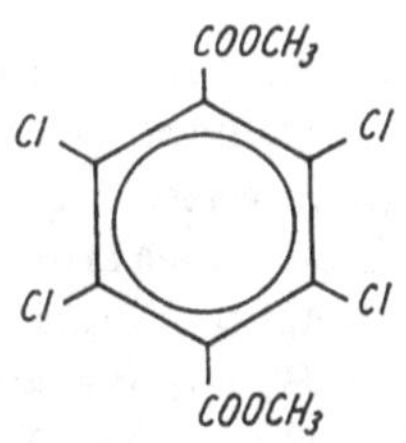

Abb. 2 2,3,5,6-Tetrachlor-terephthalsäuredimethylester, Chlorthal-methyl

Das in Abb. 2 wiedergegebene Herbizid Chlorthal-methyl wird aus Hexachlorbenzol hergestellt. Das Handelsprodukt enthält nicht umgesetztes HCB in Mengen bis zu etwa 10% (o.V. 1973). Das in den USA hergestellte Präparat konnte auch als Ursache für zahlreiche HCB-Kontaminationen von Lebensmitteln tierischer Herkunft (Rindfleisch und -fett, Butter, Käse) in den US-Bundesstaaten California und New Mexico (o.V. 1973) identifiziert werden.

Arbeitsmedizinische Kontrolluntersuchungen, gleichfalls in den USA, ergaben HCB-Gehalte im Blutplasma der mit Chlorthal-methyl-Applikationen betrauten Arbeiter bis zu 45 ppb (BURNS u. Mitarb. 1974).

Während diese versteckten HCB-Quellen gleichfalls relativ klein genannt werden können, führt ein zunächst in den USA beobachteter Vorfall zu einer HCB-Kontaminationsursache, die aller Wahrscheinlichkeit nach globale Ausmaße hat und zudem sehr vielseitig genannt werden muß.

Im Dezember 1972 wurden von einem analytischen Laboratorium des U.S. Department of Agriculture bei Stichprobenanalysen in Rindfleisch HCB-Werte bis zu 1,52 ppm gefunden. Eine Überprüfung der Ursachen dieser ungewöhnlich hohen Kontaminationsrate ergab keine Anhaltspunkte für eine Fahrlässigkeit bei der Anwendung von HCB-haltigen Präparaten in der Landwirtschaft. Da jedoch diese Werte weit oberhalb der damals in den USA festgesetzten Toleranz von 0,3 ppm lagen, wurde das Herkunftsgebiet – das etwa im Zentrum von Louisiana lag – mit „Quarantäne" belegt, d.h., von allen geschlachteten Rindern wurden gezielte Proben entnommen. Das Ergebnis ist in der Tabelle 8 festgehalten (o.V. 1973).

Tabelle 8
HCB-Gehalt in verschiedenen Fleisch- und Fettproben von etwa 50000 Rindern aus Zentral -Louisiana (USA), die von Dezember 1972 bis 31. 5. 1973 untersucht wurden (o.V. 1973)

ppm HCB	Zahl der Tiere	% der untersuchten Tiere
0,3	11700	22
0,5	7800	17
1,0	5525	11
1,5	4550	7

Als Quelle für die Kontamination der Tiere mit HCB wurde schließlich eine chemische Fabrik ermittelt, die Tetrachlorkohlenstoff und Trichloräthylen produzierte, wobei ein teerartiges Abfallprodukt (genannt „hex waste") anfällt, mit einem Gehalt an HCB von 10 bis 15%. Dieses in offenen Lastkraftwagen in eine etwa 30 km vom Betrieb entfernte Deponie verbrachte Material führte entlang der Fahrstraße zu HCB-Konzentrationen im Boden bis zu 5000 ppm und in der Luft zu 13 bis 14 ppb entsprechend 16 bis 18 $\mu g/m^3$ (o.V. 1973).

Bewohnern aus anliegenden Häusern entlang des Transportweges sowie Beschäftigten der chemischen Fabrik wurden Blutproben entnommen und auf ihren Gehalt an HCB analysiert. Die Ergebnisse sind den Tabellen 9 und 10 zu entnehmen (BURNS u. MILLER 1975).

Vorwiegend als Folgen der genannten und ähnlicher industrieller Aktivitäten erwiesen sich gleichfalls in dem US-Bundesstaat Louisiana beobachtete überhöhte Kontaminationsraten in Wasser, Sediment, Fischen und Krebsen des

Flusses Mississippi und Nebengewässern (LASKA u. Mitarb. 1976). Der Transportweg vom Chemiebetrieb zur Deponie führte einige Kilometer entlang des Flusses und überquerte ihn. Auch wurden diese Beobachtungen zur Überprüfung der biologischen Kettenverstärkung herangezogen (Tab. 11).

Tabelle 9
HCB im Blutplasma von Exponierten und Kontroll-Personen von Louisiana (nach BURNS u. MILLER 1975)

	Exponierte	Kontrollpersonen
Anzahl	86	43
Alter	39,8 ± 19,1	32,3 ± 18,6
HCB-Gehalt, ppb	2,4 ± 2,3*	0,5
Bereich, ppb	0...23	0...1,8
% positive	99	0,5
% >1 ppb	99	5

* Signifikanz (t-Test) < 0,001.

Tabelle 10
HCB-Werte im Blutplasma von Beschäftigten einer Tetrachlorkohlenstoff- bzw. Trichloräthylen-Anlage in Louisiana, USA (nach BURNS u. MILLER 1975)

Tätigkeit in dem Betrieb	Jahre in dem Betrieb tätig	HCB-Gehalt, ppb
Prozeßtechniker	5	233
Gerätetechniker	4	174
Platzmeister, Schichtleiter	2 u. 13	124
Maschinist, Schichtleiter	3,5 u. 2	118
Elektriker, Prozeßtechniker	2,5 u. 1	85
Schichtleiter	3	37

Tabelle 11
Durchschnittliche Konzentrationen von HCB (ppb) im Wasser des Mississippi, im Sediment, im Fisch Gambuse (*Gambusia affinis*) sowie in Krebsen (*Procambarus clarki*) aus Nebengewässern (nach LASKA u. Mitarb. 1976)

Substrat	HCB-Gehalt min.	max.	Durchschnitt
Flußwasser	0,7	2,2	1,2
Sediment*	135,0	167,0	151,0
Fisch	71,8	379,8	196,1
Sediment aus Nebengewässern*	217,7	1676,8	926,3
Krebse	22,2	194,3	136,3

* berechnet als Trockengewicht

Von MUMMA und LAWLESS (1975) wird für 1972 ein Bereich von 1,1 bis 2,2 × 10^6 kg HCB als „unbeabsichtigte Mitproduktion" bei der *Herstellung* von *chlorierten aliphatischen* und *olefinischen Kohlenwasserstoffen* angegeben.

In der Literatur sind weitere Möglichkeiten der HCB-Entstehung als Ab- oder Nebenprodukt bei der *Chloralkalielektrolyse* unter Verwendung von Graphit-Anoden und Quecksilber-Kathoden beschrieben (BOURION u. COURTOIS 1921, LEVIN u. FODIMAN 1956), ohne daß hier eine mengenmäßige Einschätzung des Problems ableitbar wäre.

Ähnliches ist zu berichten von der *Verwendung von HCB als Weichmacher* und als *feuerhemmender Zusatz für Plaste*, insbesondere für PVC (o.V. 1964). Obgleich auch diese Quelle schwer quantifizierbar sein dürfte (sowohl hinsichtlich der so verwendeten HCB-Mengen wie auch als Eintrag in die Umweltmedien), führen z.B. MORITA u. Mitarb. (1975) die Kontamination verschiedener Lebensmittel und von Humanfett mit HCB in Japan wo der Wirkstoff als Fungizid nie, dagegen als Weichmacher angewandt wird, auf diesen industriellen Einsatz zurück.

Leichter abzuschätzen ist die Bedeutung von *HCB bei der Herstellung von Pentachlorphenol.* Dieser Stoff, der vor allem infolge seiner ausgeprägten bakteriziden und fungiziden Eigenschaften hauptsächlich im Holzschutz, der Papier- und Zellstoffindustrie sowie als desinfizierender Zusatz zu Wasch- und Reinigungsmitteln Anwendung findet (in der Landwirtschaft können diese Aktivitäten infolge der hohen Phytotoxizität des Wirkstoffes nicht ausgenützt werden), wird nach MELNIKOW (1971) u.a. durch Hydrolyse von Hexachlorbenzol bei 130 bis 170 °C in Gegenwart von Natrium- oder Kaliumhydroxid im Autoklaven hergestellt (Abb. 3).

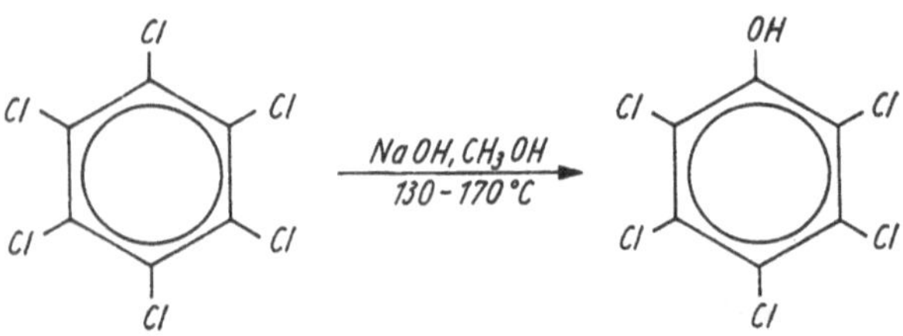

Abb. 3 Technische Herstellung von Pentachlorphenol aus Hexachlorbenzol

Obwohl das Pentachlorphenol in den o.a. Bereichen zum Teil schon seit Beginn dieses Jahrhunderts verwendet wird, steigen seine Produktionsziffern noch immer. In den USA wurden 1974 24000 t hergestellt (o.V. 1976b); die Jahresweltproduktion dürfte die 50000 t-Grenze überschreiten. In dem aus HCB produzierten Pentachlorphenol sind nicht umgesetzte Restmengen des Ausgangsproduktes enthalten. Hinzu kommt noch, daß das Pentachlorphenol bei Temperaturen von 300 °C eine Pyrolyse erleidet bei der nach SANDERMANN u. Mitarb. (1957) in hoher Ausbeute Hexachlorbenzol entsteht (s. Abb. 4).

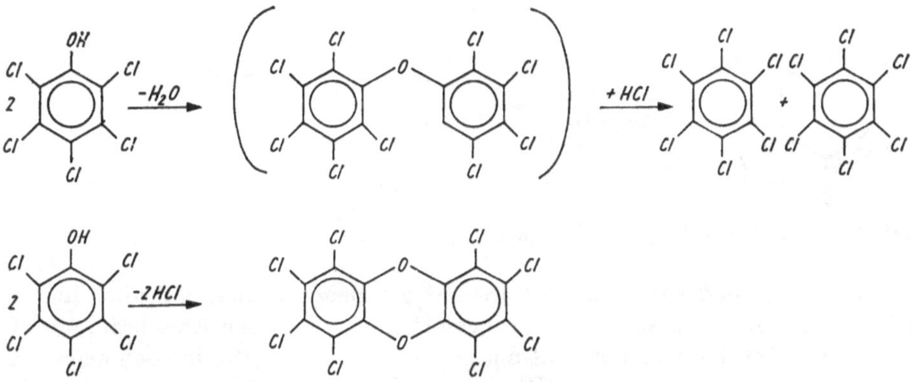

Abb. 4 Strukturschema der Bildung von Hexachlorbenzol bei der Pyrolyse von Pentachlorphenol (nach SANDERMANN 1957)

Der für die Spaltung des als Zwischenprodukt entstehenden Dekachlordiphenyloxids notwendige Chlorwasserstoff wird durch eine Parallelreaktion geliefert, bei der aus 2 Molekülen Pentachlorphenol ebenfalls durch Pyrolyse ein Molekül 1,2,3,4,6,7,8,9-Oktachlordibenzo-p-dioxin entsteht. Dieser pyrolytische Prozeß dürfte an Bedeutung keineswegs verlieren, da imprägniertes Holz, Papier oder Zellstoff spätestens in der Müllverbrennungsanlage solchen Temperaturen ausgesetzt wird.

In den letzten 5 Jahren wurde, initiiert durch die Entdeckungen von ENGST und seiner Schule, eine vollkommen neue Quelle der HCB-Kontamination vor allem der Umweltmedien Boden und Wasser, aber auch der Pflanzen, von einigen Autoren bearbeitet und diskutiert. Zunächst wurde von ENGST u. Mitarb. (1974) nachgewiesen, daß im Verlaufe des *Abbaus von Lindan durch Schimmelpilzkulturen* – wenn auch in sehr geringen Mengen neben anderen Chlorbenzolen – auch HCB erscheint. Zum Mechanismus dieses Prozesses werden keine Angaben gemacht (KUJAWA u. Mitarb. 1976). Diesen Erkenntnissen folgte der Nachweis im Ratten-Versuch, daß bei der *Verstoffwechselung* von Lindan im Warmblüterorganismus – gleichfalls in sehr geringen Mengen – HCB erscheint (SEIDLER u. Mitarb. 1975, ENGST u. Mitarb. 1977). Dieser inzwischen von mehreren Autoren bestätigte Vorgang könnte zur Erklärung der HCB-Kontamination von Boden und Gewässern beitragen. LEONI u. D'ARCA (1975) verallgemeinern den Prozeß, indem sie die Möglichkeit der Oxydation von Hexachlorcyclohexan unter aeroben Bedingungen aufzeigen (Abb. 5).

Dieser Weg wäre vor allem in der unmittelbaren Umgebung von Deponien zu überprüfen, auf denen inaktive HCH-Isomere abgelagert werden. Aber auch die *Bildung von HCB auf mit Lindan behandelten Pflanzen* wurde untersucht. KOHLI u. Mitarb. (1976) stellten Laboratoriumsversuche mit Salat-Pflanzen an, die in einer mit ^{14}C-markierten Lindan-Hydroponik-Kultur ange-

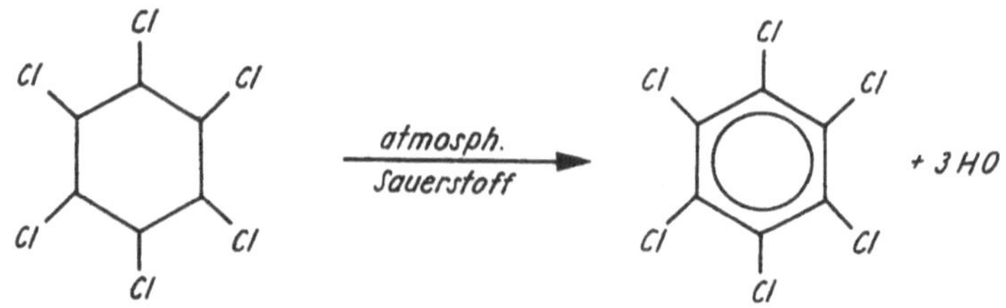

Abb. 5 Bildung von HCB unter aeroben Bedingungen

zogen wurden, und kamen zu der erstmaligen Beobachtung, daß auch hier – mit den bei den gefundenen sehr geringen Mengen gebotenen Einschränkungen – HCB als Metabolit in Betrachtung zu ziehen sei. Praxisuntersuchungen an grünen Pflanzen ergaben keine Hinweise auf einen Metabolismus von Lindan zu HCB auf und in pflanzlichen Organen und Geweben in vivo (o.V. 1975). Dieser offenbare Widerspruch wurde von STEINWANDTER (1976) untersucht. Ausgangspunkt seiner Erwägungen war, daß vor allem in HCB-kontaminierten Futtermittelproben (hauptsächlich bei länger gelagertem Material) nahezu immer größere Mengen an Lindan nachgewiesen wurden.

Tabelle 12
Lindangehalt in HCB-kontaminierten Futtermittelproben (Auszug aus einer Tabelle von ZISLAVSKY 1973)

Futtermittel	ppb HCB	ppb Lindan
Futterrübe	2	3
Heu	20	64
Rüben-Trockenschnitten	6	20
Silofutter	7	13
Weizen	2	14

Auch STEINWANDTER (1976) fand – vor allem in mit HCB kontaminierten Heuproben (bis zu 1 ppm) – überhöhte Lindanwerte (bis zu 10 ppm). Besonders hervorzuheben war bei dieser Beobachtung, daß in den landwirtschaftlichen Betrieben, aus denen diese Proben stammten, zwar Lindan, aber kein HCB angewandt wurde und daß andere Kontaminationsquellen wie entsprechende Industriebetriebe oder Müllverbrennungsanlagen nicht in Frage kamen. Dies veranlaßte den Autor zu Versuchen, wobei mit Lindan behandeltes Gras einem Trockenprozeß unterzogen wurde, als dessen Folge in dem Heu – im Vergleich zu einer unbehandelten Kontrolle – HCB-Mengen allerdings stets unterhalb von 0,05 ppm nachgewiesen wurden. Als Konsequenz dieser Versuche ist die Erkenntnis zu werten, daß der Lindanmetabolismus bei Pflanzen in vivo einen anderen Verlauf nimmt als in vitro, und daß bei dem letzteren – vielleicht als Folge mikrobieller Aktivitäten – HCB entstehen kann.

Insgesamt kann also zusammengefaßt werden, daß HCB, im Gegensatz zu der weitaus überwiegenden Mehrzahl aller Pflanzenschutz- und Schädlingsbekämpfungsmittel

- eine Vielzahl von Eintrittsmöglichkeiten in die Biosphäre hat, die weder in ihrem Mechanismus noch in bezug auf die hierbei entstehenden Mengen erforscht sind,
- daß seine Anwendung als fungizides Beizmittel lediglich einen außerordentlich kleinen Teil der HCB-Kontamination der Umweltmedien verursacht, und
- daß die Anwendung der gängigen Restriktionen für Biozide bei dem HCB nicht zu den gewünschten Folgen führen kann.

4. Toxische Eigenschaften von Hexachlorbenzol

In den Jahren 1956 bis 1958 erkrankten in der Türkei etwa 3000 Personen bei einer ungefähren Sterblichkeitsrate von 10% an *Prophyria cutanea Tarda*, der „*türkischen Leberporphyrie*". 83% der Betroffenen waren Kinder im Alter bis zu 15 Jahren. Bei den Erkrankten bzw. den Verstorbenen wurden nach SCHMID (1960), CAM u. NYGOGOSIAN (1963) und IWANOW u. Mitarb. (1973) die folgenden Befunde registriert:

- Blasen- und Pustelbildung an der Haut (Epidermiolyse) hauptsächlich in Bereichen, die der Sonnenstrahlung ausgesetzt sind, vornehmlich also Gesicht und Hände,
- geringe Heilungstendenzen für diese Läsionen,
- Verfärbung der Haut, begleitet von vermehrtem Haarwuchs (Hypertrichosis), der nicht auf die von Sonnenstrahlung exponierten Zonen begrenzt ist,
- Ausscheidung größerer Mengen von Porphyrinen mit dem Harn,
- Vergrößerung der Leber in etwa 35% der Fälle,
- Gewichtsverlust,
- in einigen Fällen Osteoporosis (Knochenschwund),
- Schilddrüsenvergrößerung in etwa 30% der Fälle, ohne Anzeichen einer Hyperfunktion,
- Vergrößerung der Lymphknoten.

Die akuten Hautdefekte gingen zumeist 20 bis 30 Tage nach beendeter HCB-Zufuhr zurück. Rückfälle wurden jedoch während der Sommermonate beobachtet.

Als Ursache für die Erkrankungen wurde der Genuß von Brot und Backwaren festgestellt, die – entgegen allen entsprechenden Vorschriften – aus zu Saatzwecken bestimmten und daher mit HCB gebeiztem Weizen hergestellt worden waren. Die HCB-Aufnahme der geschädigten Personen lag bei Mengen bis zu 200 mg/Tag, wobei es bei den tödlichen Fällen gewiß nicht bei einer Aufnahme blieb. Da im vorderen Orient und in Nordafrika nicht selten derartige Kalamitätsfälle auftraten, bei denen vor allem Quecksilber enthaltende Beizmittel die Ursache waren, wurde der Vorfall zunächst nur von wenigen Toxikologen analysiert. Trotzdem wurden spätere HCB-Funde in biotischen und abiotischen Medien zunächst durchweg in Zusammenhang mit diesem Fall gebracht und daher in den Bereich der „Pestizide" verwiesen. Weiterhin ist zu vermerken, daß das Insektizid DDT, das zu dieser Zeit noch weltweite Anwendung und auch Aufmerksamkeit erfuhr, nie zu Vergiftungen vergleichbarer Art führte.

4.1. Akute Toxizität von Hexachlorbenzol

Die in der Tabelle 13 zusammengefaßten Werte für die akute Toxizität von HCB sind – im Vergleich etwa mit dem DDT oder dem Lindan (Tab. 14) – ungewöhnlich hoch, was vermutlich auch der Grund war, weshalb man sich erst sehr spät mit der Toxikologie dieser Verbindung befaßte.

Tabelle 13
Akute orale Toxizitätswerte von HCB für verschiedene Versuchstiere (entnommen von Leoni u. D'Arca 1975)

Versuchstier	letale Dosen mg/kg Minimum	 Durchschnitt	 absolut
Maus	2000	4000	7500
Ratte	2000	3500	6000
Meerschweinchen	3000		
Kaninchen		2600	
Katze		1700	

Tabelle 14
Akute orale LD_{50}-Werte für DDT und Lindan für einige Versuchstiere

Versuchstier	LD_{50} (mg/kg) DDT	 Lindan
Maus	150...300	72...400
Ratte	250...300	88...225
Meerschweinchen	400	100...127
Kaninchen	300	91...200
Hund	500...750	30...200
Katze	500	25

Als Ursache für die z.B. gegenüber dem DDT oder dem Lindan nicht selten um mehr als eine Zehnerpotenz niedrigere akute Toxizität wird in der Literatur allgemein die geringe Absorbierbarkeit des HCB im Magen-Darm-Traktus genannt. Albro und Thomas (1974) stellten bei Fütterungsversuchen mit Ratten fest, daß die prozentuale Absorbierbarkeit bei niedrigen Dosen relativ größer ist als bei höheren Gaben, so daß bei den hohen Letalwerten von 2000 bis 4000 mg/kg nur geringe Mengen resorbiert werden. Diese Beobachtung wurde von MEHENDALE u. Mitarb. (1975) erweitert, die – gleichfalls in Versuchen mit weißen Ratten (Sprague-Dawley, CD) – zu folgenden Ergebnissen gelangten: Nach einer einmaligen Verabreichung von 5 mg mit ^{14}C markiertem HCB wurden innerhalb von 7 Tagen 16% der applizierten Verbindung mit den Faeces ausgeschieden, mehr als die Hälfte hiervon innerhalb der ersten drei Tage, womit die wichtigste exkretorische Route wiederum bestätigt war. Etwa 70% des unveränderten HCB verblieben in den Organen und Geweben der Tiere, und zwar im Fett 43%, in den Muskelgeweben 9,5%, in der Haut 8,5% und in der Leber 3%. Mit dem Harn wurde nur knapp 1% des zugeführten Wirkstoffs ausgeschieden; hier fanden sich aber die einzigen nachgewiesenen Metabolite, z.B. Pentachlorbenzol und niedriger chlorierte Benzole sowie Pentachlorphenol in freier Form und konjugiert. Bemerkenswert ist vor allem der hohe HCB-Anteil in der Haut. Diese physiologische Abnormalität kann mit den sichtbaren Merkmalen der durch HCB hervorgerufenen *Porphyria cutanea tarda*, dem Hautausschlag und der extremen Empfindlichkeit gegenüber Sonneneinstrahlung in Zusammenhang gebracht werden.

Der Mechanismus der zuletzt genannten Wirkung kann nach PEDERSEN und CARLSON (1975) gedeutet werden. Auf Grund von Röntgenfeinstrukturanalysen konnten von den Autoren die Abstände der C—C- und der C—Cl-Bindungen festgestellt werden, die – im Gegensatz zum Hexachlorcyclohexan – eine ebene Struktur des HCB-Moleküls wahrscheinlich erscheinen lassen. Die Folgerung hieraus ist, daß HCB, dessen Größe dann in etwa mit einem der zahlreichen Porphyrine in der Leber zu vergleichen wäre, diese inaktivieren kann. Von KOSS und KORANSKY (1975) wurden die Kenntnisse über Resorption, Verteilung und Ausscheidung durch Verabfolgung von in Öl gelöstem bzw. in Wasser suspendiertem HCB an Ratten dahingehend erweitert, daß der gelöste Wirkstoff (nach einmaliger oraler Gabe) zu 80% resorbiert wurde, während die suspendierte Verbindung unter den gleichen Versuchsbedingungen nur zu 6% in den Organismen verblieb.

Insgesamt kann gesagt werden, daß die *akuten Toxizitätswerte des HCB kein reales Bild der toxischen Eigenschaften der Verbindung wiedergeben*. Deutlichere Aufschlüsse sind von dem Metabolismus und den chronischen Giftwirkungen zu erwarten.

4.2. Metabolismus des Hexachlorbenzol

Der Ab- und Umbau einer so extrem persistenten Verbindung wie des HCB im Tierexperiment liefert nicht nur Erkenntnisse zu seinen toxikologischen Eigenschaften, sondern gleichzeitig Hinweise zu seinem Verhalten in biotischen Medien generell. Dies ist zu begründen damit, daß die meisten Reaktionen in biologischen Organismen bei einer vorgegebenen Verbindung nach ähnlichen, zum Teil nach gleichen Schemata ablaufen. Auch bei Berücksichtigung aller artspezifischen Besonderheiten kann gesagt werden, daß enzymatische Umwandlungen vieler Fremdstoffe in vivo durch Co-Metabolismus unter Mitwirkung mischfunktioneller Oxidasen, Hydrolasen und anderer reduzierender Enzymsysteme erfolgen. Auch die Hydroxylierung aromatischer Körper, die Dehydrochlorierung, Dechlorierung, Decarboxylierung sind enzymatische Reaktionen, die sowohl im Warmblüter, in höheren Pflanzen wie in Mikroorganismen beobachtet werden können. Die wichtigsten Unterschiede liegen nicht selten weniger im qualitativen, sondern mehr im quantitativen Ablauf der Reaktionen.

Es ist also prinzipiell möglich, im Tierexperiment, bei dem in gewünschten Zeiten und gewünschten Mengen die zu beobachtenden Wirkstoffe appliziert und Biopsieproben oder Exkretionsprodukte entnommen werden können, Metabolismus-Wege zu erschließen, die Hinweise zu entsprechenden Vorgängen z. B. bei den experimentell sehr viel schwerer zugänglichen Greifvögeln (die zudem von den Ornithologen mit Recht sorgsam gehütet werden) zu erlangen. Aber auch der mikrobiell produzierte Metabolismus im Boden, der entsprechend der Vielzahl der biotischen und abiotischen Einflußmöglichkeiten in ihrer ganzen Variationsbreite mehr oder weniger langsam und unter Praxisbedingungen auch nicht leicht kontrollierbar verläuft, gehorcht – von Extremfällen abgesehen – im wesentlichen den gleichen Grundreaktionen, die im Tierversuch leichter, schneller und häufig auch exakter feststellbar sind. Diese allgemeinen Ausführungen gelten insbesondere für schwer abbaubare Verbindungen, für die das HCB geradezu ein Musterbeispiel darstellt.

Den ersten Hinweis zum Metabolismus von HCB fanden wir bei PARKE u. WILLIAMS (1960), die bei Fütterungsversuchen mit Kaninchen keinerlei Ab- und Umbauprodukte in Darminhalt, Faeces und Harn der Tiere nachweisen konnten und anzweifelten, ob eine *Verstoffwechselung* dieser Verbindung überhaupt stattfindet. MEHENDALE u. Mitarb. (1975) wiesen als Metabolite im Harn von mit ^{14}C-HCB gefütterten Ratten Pentachlorbenzol (5ClB) und noch niedriger chlorierte Benzole sowie Pentachlorphenol (PCP) in freier Form und als Konjugate nach. Im Verlauf von in vitro-Versuchen mit Homogenaten von Leber, Nieren und Lunge wurde HCB gleichfalls in geringen Mengen zu 5ClB reduktiv dechloriert; die Autoren schließen hieraus, daß diese Reaktion durch Enzyme der mikrosomalen Fraktion dieser Organe katalysiert wird. ROZMAN u. Mitarb. (1975) stellten Exkretions- und Metabolismusversuche mit Ratten und Rhesusaffen an, aus denen eine – wenn auch nur sehr geringe – Metabolisierung des HCB bereits im Magen-Darm-Traktus abzulesen ist (Tab. 15).

Noch detaillierter und gewiß auch aufschlußreicher waren die — wiederum mit Wistar-Ratten — angestellten Metabolismus-Versuche von KOSS u. Mitarb. (1976), bei denen neben den bisher bekannten Metaboliten PCP noch die Stoffwechselzwischenprodukte Pentachlorthiophenol (PCTP), Tetrachlorhydrochinon (TCH) und Tetrachlorthiophenol (TCTP), allerdings nach intraperitonealer Applikation einer relativ großen Menge (390 mg/kg) von ^{14}C-HCB, nachgewiesen werden konnten (Tab. 16).

Tabelle 15
Ausscheidung und Metabolisierung von oral verabreichten etwa 0,5 mg/kg ^{14}C-Hexachlorbenzol in Ratten und Rhesusaffen, 40 Tage nach der Applikation (entnommen von ROZMAN u. Mitarb. 1975)

Ausscheidung in % der Gesamtzufuhr

	Ratten		Rhesusaffen	
	Männchen	Weibchen	Männchen	Weibchen
Gesamtausscheidung	36,1	30,3	29,9	12,4
Harn	1,1	2,3	1,9	2,6
Faeces	35,0	28,0	28,0	9,8

Metabolisierung in % der Gesamtzufuhr

		Ratten		Rhesusaffen	
		Männchen	Weibchen	Männchen	Weibchen
Harn	HCB	die ausgeschiedene Radioaktivität war zu gering		0,5	0,6
	5 ClB			0,4	0,8
	PCP			1,0	1,2
Faeces	HCB	31,1	24,8	26,8	8,3
	5 ClB	3,9	3,2	1,0	1,2
	PCP	n.b.*	n.b.	0,2	0,3

* nicht bestimmt

Tabelle 16
Verteilung der Radioaktivität auf den Tierkörper und die Exkremente von 2 weiblichen Wistar-Ratten 4 Wochen nach der ersten intraperitonealen Applikation von insgesamt 390 mg/kg ^{14}C-HCB und Aufteilung der Radioaktivität auf HCB und dessen Metabolite (nach KOSS, KORANSKY u. STEINBACH 1976)

% Gesamtradioaktivität ermittelt in:		% der Radioaktivität entfallen auf: HCB	PCP	TCH	PCTP	TCTP	n.i.
Tierkörper	65,0 ± 4,5	64,0	1,0	n.b.	–	–	–
Harn	6,5 ± 2,0	0,1	1,8	1,1	2,9	0,1	0,5
Faeces	27,2 ± 3,2	18,7	4,4	–	2,6	–	1,5
	98,7 ± 0,5	82,8	7,2	1,1	5,5	0,1	2,0

n.i. = nicht identifiziert; n.b. = nicht bestimmt

Aus der Tabelle ist zu entnehmen, daß etwa $^2/_3$ der applizierten Radioaktivität im Tierkörper – zumeist in Form von unverändertem HCB – zurückgehalten werden, während $^1/_3$ ausgeschieden wird, hauptsächlich mit den Faeces. Etwa die Hälfte der ausgeschiedenen Radioaktivität entfällt auf die Metabolite.

Die wichtigsten Metabolite sind PCP und PCTP, die hauptsächlich in konjugierter Form den Organismus verlassen.

Die bisher genauesten Angaben zum Metabolismus von HCB stammen von ENGST u. Mitarb. (1976), die Wistar-Ratten 19 Tage mit täglichen oralen Gaben von 8 mg HCB/kg, gelöst in 1 ml Sonnenblumenöl, behandelten. Während dieser Zeit wurden Harn und Faeces, sowie nach Abbruch des Versuches Leber, Nieren, Nebennieren, Herz, Milz und Intestinalfett auf HCB und seine Metabolite untersucht. In den Organen (hauptsächlich in der Milz) wurden nur 5ClB und PCP in geringen Mengen nachgewiesen Im Harn fanden die Autoren neben HCB den Hauptmetaboliten PCP, ferner 2,3,4,6-Tetrachlorphenol und /oder 2,3,5,6-Tetrachlorphenol, sodann 2,4,6-Trichlorphenol und 5ClB in freier Form. Geringe Mengen von 2,4,6-Trichlorphenol und 2,3,4,6-Tetrachlor-

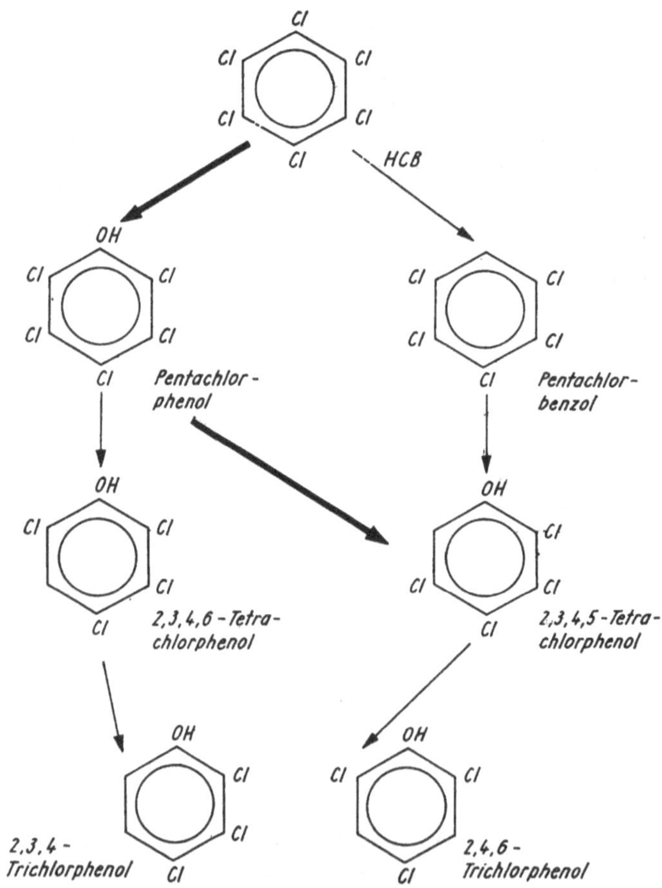

Abb. 6 Metabolismus von Hexachlorbenzol im Warmblüterorganismus (nach ENGST u. Mitarbeitern 1976)

phenol lagen als Glukuronide vor. In den Faeces wurde neben größeren Mengen HCB auch noch 5ClB gefunden. Aus diesen Ergebnissen schlägt ENGST das in der Abb. 6 skizzierte Metabolismus-Modell für HCB im Warmblüterorganismus vor. Danach dürfte der Hauptweg über das PCP und 2,3,4,5-Tetrachlorphenol zu erwarten sein, während die Route über das 5ClB mengenmäßig nur von geringer Bedeutung ist.

4.3. Speicherung von HCB im Warmblüterorganismus und chronische Toxizität

Die Speicherung stabiler und zudem extrem körperfremder Verbindungen im Warmblüterorganismus wird als eine der möglichen Ursachen chronischer Toxizität angesehen. Zur Aufklärung pharmakologischer und toxikologischer Wirkungen solcher Stoffe ist es erforderlich, möglichst detaillierte Angaben zur Speicherung in Organen und Geweben zu erhalten. In diesem Abschnitt sollen, anknüpfend an die in der Einleitung genannten Beispiele, einige entsprechende Arbeiten aus der Literatur ausgewertet werden.

Entsprechend der extrem geringen Wasserlöslichkeit von HCB und seiner guten Solubilität in Lipoidsubstanzen war ein hohes *Speicherungsvermögen* des Wirkstoffes *in Fettgeweben* vorauszusehen. Daß die Speicherung nahezu proportional mit der oralen Zufuhr erfolgt, wurde von AVRAHAMI u. GERNERT (1972) im Rattenversuch belegt (Abb. 7).

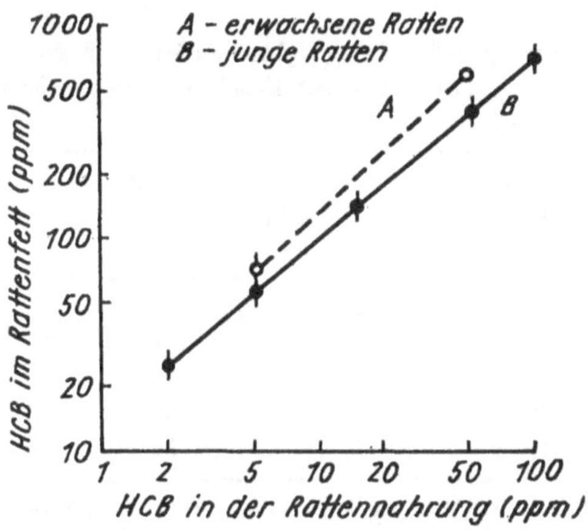

Abb. 7 Wechselwirkungen zwischen HCB in der Futterration mit im Fett weiblicher Ratten (nach AVRAHAMI u. GERNERT 1972)

Gleichfalls von AVRAHAMI und STEELE (1972a u. b) wurde die Akkumulation von HCB im Fettgewebe und im Blutplasma von Schafen und in Legehennen (Fett, Eigelb, Leber und Muskelgewebe) untersucht. Die Versuche mit den Schafen waren so angesetzt, daß den Tieren 18 Wochen lang verschiedene Dosen von 0,1 bis 100 mg/kg mit dem Futter verabfolgt wurden, was eine schnelle Speicherung vor allem in der ersten Woche zur Folge hatte. Über die gesamte Versuchsperiode hinweg betrachtet, konnte wiederum eine Äquivalenz von Aufnahme und Speicherung des Wirkstoffes beobachtet werden; die Tiere reicherten etwa das 7- bis 9fache an HCB im Fettgewebe der Konzentration im Futter an. Die Abnahme des HCB-Gehaltes im Omentalfett nach Beendigung der oralen Zufuhr erfolgte weitaus langsamer als die Akkumulation.

Die HCB-*Konzentrationen im Blut* zeigten hinsichtlich Anstieg und Abnahme ein ähnliches Bild wie die Werte im Fettgewebe. Allerdings lagen die Absolutwerte um etwa drei Zehnerpotenzen niedriger. Blutanalysen können also gleichfalls ein Abbild der Gesamtkontamination des Organismus vermitteln.

Die Zufuhr des HCB-Präparates hatte keinen wesentlichen Einfluß auf den *Gewichtsverlauf* der Tiere.

Ähnliche Ergebnisse wurden mit Legehennen erzielt, die zur Beobachtung des Überganges von HCB in die Eier, deren Fruchtbarkeit und den Bruterfolg sowie der Kontamination der Küken mit dem Wirkstoff von Avrahami u. Steele (1972b) mit einer von 0 bis 100 ppm HCB enthaltenden Diät gefüttert wurden. Nach 26 Wochen erhielten die Tiere 25 weitere Wochen ein Futter ohne HCB-Zusatz. Die Behandlung mit dem Wirkstoff hatte keine Auswirkung auf die Legeleistung sowie auch – wie die Tabelle 17 zeigt – *keinen Einfluß auf die Fruchtbarkeit der Eier und deren Bruterfolg.*

Tabelle 17
HCB-Gehalt in Hühnereiern, bestimmt mit einer gaschromatographischen Methode, sowie der Einfluß der Verfütterung einer HCB enthaltenden Diät auf Fruchtbarkeit der Eier und Bruterfolg (von Avrahami u. Steele 1972b),

HCB-Gehalt Futter	(ppm) im Eigelb	Anzahl der bebrüteten Eier	Anzahl der befruchteten Eier	Anzahl der geschlüpften Küken	Schlupfrate in %
0*	0,28	7	4	3	75
0,1	0,7	10	9	7	78
1	4,2	10	8	7	82
10	45	10	8	4	50
100	330	10	8	6	75

* Das Mischfutter enthielt vor dem Zusatz bereits HCB-Mengen zwischen 0,001 und 0,5 ppn

Die HCB-Konzentration im Fettgewebe stieg auch hier etwa proportional der Aufnahme mit dem Futter an. Die relativen Gehalte des Wirkstoffes in den einzelnen Geweben lagen wie folgt: Muskelgewebe : Leber : Eidotter : Fettgewebe = 1:4:40:175. Aus diesen Relationen konnte bereits gefolgert werden, daß die Speicherfähigkeit eines Organs im wesentlichen von seinem Fettgehalt abhängig ist, wie dies z. B. auch für DDT und andere Chlorkohlenwasserstoffe nachgewiesen werden konnte.

Sehr hohe HCB-Konzentrationen wurden in den Hühnerküken gefunden. Das Fettgewebe der 100-ppm-HCB-Futterserie hatte nach 4 Tagen ein Maximum von 4000 ppm, das bis zum 12. Tag auf etwa 1000 ppm absank. Die entsprechenden Werte für das Muskelgewebe lagen bei etwa 100 ppm am 4. und 2 ppm am 13. Tag. Die hohen Konzentrationen und die sehr schnellen Abnahmen sind auf die geringe Futtermenge der frisch geschlüpften Tiere und die rasche Fettzunahme zurückzuführen.

Hinsichtlich der *Akkumulationsrate* von *HCB* in *verschiedenen Organen und Geweben* kamen Rozman u. Mitarb. (1975) bei Versuchen mit Ratten und Rhesusaffen gleichfalls zu dem Ergebnis, daß hier der Fettgehalt eine entscheidende Rolle einnimmt. Es wurden weder in den beiden Arten noch in den Geschlechtern bedeutende Unterschiede gefunden (Tab. 18).

Tabelle 18
Speicherung von ^{14}C-markiertem HCB 40 Tage nach oraler Applikation von 0,5 mg Wirkstoff/kg in verschiedenen Organen und Geweben von Ratten und Rhesusaffen (ausgedrückt in ppm HCB) (entnommen von Rozman u. Mitarb. 1975)

Organe bzw. Gewebe	Ratten Männchen	Weibchen	Rhesusaffen Männchen	Weibchen
Bauchfett	1,5	1,8	1,6	1,7
Subkutanfett	1,2	1,3	1,3	1,4
Blut	0,02	0,02	0,02	0,02
Rückenmark	0,3	1,1	0,1	0,1
Herz	0,03	0,04	0,06	0,03
Niere	0,05	0,04	0,04	0,04
Leber	0,06	0,07	0,1	0,08

Die in der Leber gefundene Radioaktivität verteilte sich bei den männlichen Tieren etwa zu gleichen Teilen auf Hexa- und Pentachlorbenzol, während bei den Weibchen etwa $^2/_3$ HCB und $^1/_3$ 5 ClB in der Leber vorlagen.
Im Fett entfiel 1% der gefundenen Radioaktivität auf 5 ClB; PCP konnte in Spuren nachgewiesen werden; etwa 99% war unverändertes HCB

Artspezifische Unterschiede in der Speicherung von HCB in Gehirn und Leber zwischen Ratten und Meerschweinchen bei gleichen Applikationsraten wurden von Villeneuve u. Newsome (1975) registriert. Ratten akkumulierten wesentlich mehr (im Gehirn etwa die 10fache, in der Leber die 3- bis 5fache Menge des Wirkstoffes) und erwiesen sich als weit weniger empfindlich, was sowohl an den Überlebensraten als auch an geringeren Gewichtsabnahmen nachgewiesen werden konnte.

Besonderes Interesse verdient der Versuch von Villeneuve (1975), bei dem die Organkonzentrationen von HCB in Ratten auf folgende Weise festgestellt wurden: Die Ratten wurden in die Versuchsgruppen 1, 2 und 3 eingeteilt und erhielten 1,0; 10 bzw. 100 mg HCB/kg täglich. Gruppe 1 wurde unmittelbar nach der 14-tägigen Fütterungsperiode getötet und analysiert; in der Gruppe 2 erhielten die Versuchstiere nach Beendigung der HCB-Zufuhr noch 9 Tage lang Futter ad libitum, während die 3. Gruppe reduzierte Futterrationen erhielt. Die in der Tabelle 19 zusammengefaßten Ergebnisse lassen zwei Folgerungen zu:

- Durch die Zufuhr HCB-freier Nahrung kam es – sogar nach einer relativ kurzen Periode von 9 Tagen – fast durchweg zu *Abnahmen der Wirkstoffkonzentrationen.*
- Die *Nahrungsreduktion* verursachte bei allen 3 Dosen und nahezu allen untersuchten Organen und Geweben einen Anstieg der HCB-Werte, was einmal durch die verminderten Futtermengen und zum anderen durch die *Mobilisierung des Wirkstoffes* zu erklären ist.

Neben diesen wichtigen Ergebnissen zeigt der Versuch von VILLENEUVE (1975) weiterhin, daß ein HCB-Gehalt von etwa 300 ppm im Gehirn für Ratten offenbar die Letalitätsschwelle darstellt.

Besonderes Interesse wurde seit der Entdeckung dieser Eigenschaften der Speicherung und *Exkretion* von Halogenkohlenwasserstoffen *mit der Milch* entgegengebracht. Sicherlich trugen die bei dem DDT beobachteten Effekte

Tabelle 19
HCB in Organen und Geweben von Ratten nach oraler Wirkstoffzufuhr. Gruppe 1: unmittelbar nach Abschluß der 14 Tage dauernden täglichen Wirkstoffapplikation; Gruppe 2: 9 Tage nach dem Absetzen der HCB-Zufuhr und Fütterung ad libitum; Gruppe 3: 9 Tage nach dem Absetzen der HCB-Gaben bei reduzierter Nahrung; ausgedrückt in ppm (VILLENEUVE 1975)

Gruppe	Plasma	Hirn	Herz	Leber	Fett
	1,0 mg HCB/kg/Tag				
1	0,43 ± 0,17	3,1 ± 0,4	2,4 ± 0,3	5,7 ± 0,5	87 ± 14
2	0,31 ± 0,01	4,4 ± 0,3	1,5 ± 0,1	2,9 ± 0,2	59 ± 4
3	0,71 ± 0,15	5,5 ± 1,4	4,2 ± 0,7	7,7 ± 1,4	161 ± 6
	10 mg HCB/kg/Tag				
1	2,2 ± 0,2	20,3 ± 1,4	17,2 ± 1,4	58,6 ± 1,9	527 ± 32
2	2,8 ± 0,2	17,4 ± 1,4	15,1 ± 1,1	35,1 ± 2,0	667 ± 61
3	9,2 ± 1,4	191,5 ± 25	66,6 ± 12	176 ± 51	2204 ± 426
	100 mg HCB/kg/Tag				
1	17,9 ± 0,8	117 ± 3	96 ± 2	286 ± 15	3860 ± 575
2	12,9 ± 1,5	83 ± 11	70 ± 3	167 ± 22	3869 ± 360
3	43,8*	385 ± 38	297 ± 23	614 ± 70	10597*

* Werte von jeweils 1 Tier

dieser Art zu den weltweiten Verboten der Verbindung bei. FRIES und MARROW (1976) stellten entsprechende Versuche mit Holsteiner Kühen an, denen eine HCB enthaltende (und einer Parallelgruppe zum Vergleich DDE enthaltende) Diät verabreicht wurde. Beide Wirkstoffe verhielten sich etwa gleich; es bestand zwischen der Applikation einerseits und der Speicherung im Subkutanfett bzw. der Exkretion mit der Milch zum anderen eine nahezu lineare Korrelation (Tab. 20).

Tabelle 20
Konzentration von HCB und DDE (in ppm) im Milch- und Körperfett von Kühen, die 60 Tage lang 5 bzw. 25 mg/kg/Tag der Wirkstoffe mit der Nahrung erhielten (nach FRIES u. MARROW 1976)

Tier Nr.	Milchfett-produktion kg/Tag	Rückstände (ppm)			
		HCB		DDE	
		Milchfett	Körperfett	Milchfett	Körperfett
		tägliche Applikationsrate: 5 mg/kg			
1	0,87	1,98	2,10	1,81	1,91
2	0,63	2,44	2,04	2,58	1,17
3	0,60	1,93	1,60	1,99	1,04
∅	0,70	2,12	1,91	2,13	1,37
		tägliche Applikationsrate: 25 mg/kg			
4	0,32	11,86	11,49	14,42	10,26
5	0,48	8,55	8,59	9,74	7,91
6	0,83	6,80	6,33	7,13	5,77
∅	0,54	9,01	8,80	10,43	7,98

Die Zahlen zur Milchfettproduktion und -kontamination sind Durchschnittswerte der Wirkstoffzufuhr vom 40. bis 60. Tag. Die Körperfettkontamination wurde am 60. Tag bestimmt

Nach dem Absetzen der Wirkstoffzufuhr nahmen deren Konzentrationen in der Milch zunächst schnell und nach dem 15. Tag langsam aber kontinuierlich ab. HCB scheint die Zellmembranen schneller passieren zu können als DDE. Diese größere Beweglichkeit in Richtung des Körperfettes ist auch vermutlich für die gegenüber dem DDE etwas höhere Ausscheidungsrate mit der Milch nach dem Absetzen der HCB enthaltenden Diät – wenn also die Fettdepots die einzige Quelle sind – als Ursache anzusehen.

Von noch größerer Bedeutung erscheint die – gleich anderen Chlorkohlenwasserstoffen – bestätigte *Passage des HCB durch die Placenta-Schranke* zu sein. Die zur Bestätigung dieses Effektes notwendigen Tierversuche wurden an Kaninchen von VILLENEUVE u. Mitarb. (1974) an Ratten und von VILLENEUVE und HIERLIHY (1975) an Kaninchen vorgenommen. Bei dem letzteren Versuch wurden weiße Neuseelandkaninchen-Häsinnen gedeckt (Versuchstag 0) und vom 1. bis zum 27. Tag durch orale Zufuhr von 0; 0,1; 1 und 10 mg HCB/kg/Tag behandelt. Am 28. Tag wurden die Tiere getötet und Muttertiere sowie Foeten hinsichtlich ihres Gehaltes an HCB in den Organen und Geweben analysiert. Die Ergebnisse (Tab. 21) zeigen, daß der Wirkstoff die Placentaschranke passiert hatte und in den Organen der Foeten in zum Teil höherer

Tabelle 21
HCB-Gehalt in Muttertieren und Foeten von Kaninchen nach 27 Tage langer oraler Applikation (nach VILLENEUVE u. Mitarb. 1974)

Organ oder Gewebe	Objekt	HCB-Gehalt in ppm in Organen und Geweben		
		0,1 mg/kg	1,0 mg/kg	10 mg/kg
	Muttertier			
Gehirn		0,15 ± 0,01	1,22 ± 0,03	12,1 ± 0,17
Leber		1,18 ± 0,03	15,7 ± 0,7	37 ± 0,8
Fett		8,76 ± 0,28	58,8 ± 1,5	349,6 ± 18
	Foetus			
Gehirn		0,96 ± 0,74	0,88 ± 0,20	3,82 ± 0,28
Leber		4,04 ± 0,89	24,6 ± 2,7	122,5 ± 8,9
Placenta		0,44 ± 0,06	2,57 ± 0,25	11,7 ± 0,80

Tabelle 22
Placenta-Transfer einiger Halogenbenzole bei Ratten (nach VILLENEUVE u. KHERA 1975)

Verbindung (-benzol)	Muttertiere		Rückstände in Foeten		
	appl. Dosen (mg/kg)	Leber ppm	Gesamt-Foetus (μg)	Leber (ppm)	Gehirn (ppm)
Hexachlor-	40	51,7	53,0	16,5	8,4
Pentachlor-	50	13,9	9,65	4,37	3,08
Pentachlornitro-	200	n. n.	n. n.	n. n.	n. n.
Hexabrom-	50	0,14	0,43	n. n.	n. n.

n.n. = nicht nachweisbar bis 0,5 ppm

Menge (Leber) nachweisbar war als in den entsprechenden Organen der Muttertiere. *Embryotoxische Effekte* wurden bei Ratten und Kaninchen *nicht nachgewiesen.*

Auch der Metabolit Pentachlorbenzol wurde, nach oraler Verarbreichung an trächtige Ratten, in den Foeten gefunden, wenn auch nicht in so hohen Mengen wie das HCB. Demgegenüber war, wie die Tabelle 22 zeigt, Hexabrombenzol nur in Spuren und Pentachlornitrobenzol (PCNB) gar nicht nachweisbar (Villeneuve u. Khera 1975).

Zur Erkennung einer möglichen *mutagenen und cancerogenen Wirkung* wurde von van Dijck u. van de Voorde (1976) an HCB der Test nach Ames mit dem Versuchsobjekt *Salmonella typhimurium* und Leber-Mikrosomen durchgeführt. Die Ergebnisse waren durchweg *negativ.*

Lehotzky u. Mitarb. (1971) untersuchten im Tierexperiment mit Ratten *neurotoxische Effekte* des HCB, insbesondere seine Wirkungen auf das Zentralnervensystem, mit dem Ergebnis, daß hier Wechselbeziehungen im Sinne chronischer Intoxikationen offenbar vorliegen.

4.4. Speicherung und Elimination des HCB beim Menschen

Wenn hier die Speicherung von HCB im Fettgewebe des Menschen, sein Auftreten im Blut und die Ausscheidung mit der Humanmilch gesondert betrachtet werden, so soll damit ein spezieller Versuch zunächst begonnen werden. Abgesehen davon, daß der Mensch im Mittelpunkt des Interesses zu stehen hat, verfügt er gegenüber allen anderen Lebewesen über eine Reihe mehr oder weniger stark ausgeprägter Besonderheiten, die vor allem in ihrer Gesamtheit den Menschen als Gegenstand ökotoxikologischer Betrachtungen besonders interessant machen. Die wichtigsten dieser Eigenschaften bzw. Erscheinungsbilder des Menschen sind:

- er ist das *absolute Endglied von Nahrungsketten,*
- hinsichtlich seiner *Nahrungsaufnahme* ist er, gegenüber den meisten anderen Endgliedern von Nahrungsketten, *omnivor,*
- der *Kontakt mit Fremdstoffen* auch außerhalb der Aufnahme mit der Nahrung ist z.B. durch berufliche Exposition *vielfältiger* und – von wenigen Extremfällen abgesehen – *intensiver.*

Wenn daher eine Verbindung gefunden wird, die – wie das beim HCB der Fall ist – ubiquitär erscheint, weiterhin sowohl in Industrie und Landwirtschaft angewandt wird und zudem auch noch als Neben- und Abprodukt verschiedener Reaktionen anfällt und schließlich im Fettgewebe des Menschen gespeichert wird, so stellt der Mensch einen nahezu idealen *Indikatororganismus für die stoffliche Umweltqualität*, also die Summe der durch menschliche Aktivitäten gewollt oder unbeabsichtigt produzierten Konzentrationsveränderungen von Stoffen in seiner Umwelt dar. Hinzu kommt noch, daß Autopsieproben nahezu unbegrenzt zur Verfügung stehen und Biopsieproben von Subkutanfett ohne besondere Schwierigkeiten gezielt gezogen werden können. Schließlich ist noch von besonderem Wert – und unterscheidet die so erhaltenen Proben von anderen wesentlich –, daß Angaben medizinischer, sozialer und anderer interessierender Parameter exakt und zuverlässig erhalten werden. Die Ableitungen, die aus solchen Analysen gezogen werden können, sind noch nicht abzusehen.

Die ersten Arbeiten zur Kontamination von Humanfett mit HCB – die zumeist im Zusammenhange mit der Untersuchung auf andere Chlorkohlenwasserstoffe standen – sind noch wenig aussagekräftig, da die angewandten Analysenmethoden sehr unterschiedlich, die Angaben über die Herkunft der Proben meist nur allgemein waren und sich gewöhnlich auf ein größeres Territorium bezogen. ACKER u. SCHULTE (1970 u. 1971) geben einen Überblick der von ihnen ermittelten Analysenergebnisse von Autopsieproben aus der Anatomie bzw. der gerichtlichen Medizin (bei den letzteren handelt es sich um Verkehrstote) aus einem nicht näher bezeichneten Gebiet der BRD; die beiden Institute gehören der Universität Münster an. Es kann jedoch angenommen werden, daß die Proben vor 1970 gezogen wurden. Die Ergebnisse sind der Tabelle 23 zu entnehmen.

Tabelle 23
Chlorkohlenwasserstoffe im Depotfett verschiedener Personengruppen aus der BRD; Probenahme vor 1970; bestimmt mit einer gaschromatographischen Methode (von ACKER u. SCHULTE 1971)

Herkunft Geschlecht	Zahl d. Proben	ppm Chlorkohlenwasserstoffe, bezogen auf Fettbasis					
		β-HCH	γ-HCH	DDE	DDT	PCB	HCB
Pathologie							
Frauen	9	0,50	0,021	3,6	1,3	9,3	9,5
Männer	14	0,45	0,028	3,8	1,4	6,7	6,7
Gerichts-Med.							
Frauen	11	0,33	0,044	2,2	1,3	4,3	4,3
Männer	21	0,44	0,037	3,4	1,5	6,0	6,0
Mittelwert	55	0,43	0,033	3,3	1,4	6,4	6,4

Verglichen mit der Tabelle 1, in der ACKER u. SCHULTE (1974) zu einem späteren Zeitpunkt wiederum Humanfettproben analysierten, fällt auf, daß die DDT-Werte höher, die HCB-Werte niedriger liegen. Beides kann nicht interpretiert werden. Von ABBOT u. Mitarb. (1972) liegt aus England in den Jahren 1969 bis 1971 an 201 analysierten Proben für HCB ein Maximalwert von 0,29 ppm bei einem Durchschnitt von 0,05 ppm vor. In der gleichen Arbeit werden für β-HCH 0,27, p,p'-DDE 1,8, p,p'-DDT 0,5 und Dieldrin 0,16 ppm angeführt. Auch hier sind diese Relationen, mangels näherer Angaben zu den untersuchten

Objekten, vor allem aber zu ihrer Einordnung in landwirtschaftliche oder industrielle Regionen, schwer zu deuten. Ähnliches gilt für die Arbeit von CURLEY u. Mitarb. (1973), die 241 Proben von Adiposefett aus dem Krebsforschungsinstitut in Chikusa – Ka Nagoya in Japan analysierten und hierbei die in der Tabelle 24 wiedergegebenen Kontaminationswerte fanden.

Tabelle 24
Chlorkohlenwasserstoffe im Adiposefett von 241 Japanern (Werte in ppm), gaschromatographisch bestimmt in den Jahren 1971/1972 (von CURLEY u. Mitarb. 1973)

Wirkstoff	Konzentrationsbereich	Durchschnitt	Standardabweichung (±)
α-HCH	<0,003...10,4	0,14	0,04
β-HCH	<0,007... 8,4	1,28	0,08
γ-HCH	<0,003... 5,2	0,12	0,02
o,p'-DDE	<0,01 ... 0,29	0,03	0,002
p,p'-DDE	<0,01 ...16,5	1,78	0,13
o,p'-DDT	<0,01 ... 1,12	0,08	0,006
p,p'-DDT	<0,01 ... 3,09	0,54	0,03
p,p'-DDD	<0,01 ... 0,58	0,04	0,004
Σ DDT	–	2,47	–
HCB	<0,003... 0,77	0,08	0,006

Tabelle 25
Chlorkohlenwasserstoffe im Humanfett von 12 Personen aus der Schweiz; gaschromatographisch bestimmt in den Jahren 1971/72 (von ZIMMERLI u. MAREK 1973)

Geschlecht	Alter (Jahre)	Rückstände in ppm bezogen auf das isolierte Fett HCB	β-HCH	p,p'-DDE	p,p'-DDT	Dieldrin	PCB
weibl.	74	0,9	0,9	3,4	0,9	0,37	1,0
männ.	82	3,1	0,8	5,0	1,8	0,57	0,5
m.	57	4,8	1,8	7,9	2,0	0,27	2,2
w.	61	2,8	1,6	9,9	5,2	0,35	1,2
m.	34	1,0	1,6	3,8	1,4	0,15	0,5
w.	81	2,1	1,7	0,6	1,2	0,06	0,5
w.	49	0,6	0,6	2,7	1,4	0,19	0,7
m.	65	1,0	0,4	2,0	1,4	0,35	2,0
w.	50	1,5	0,4	2,3	1,1	0,41	2,1
w.	68	1,5	0,5	2,8	1,3	0,41	0,4
w.	55	1,1	0,3	3,7	0,7	0,31	0,5
w.	62	1,8	0,9	1,3	0,8	0,11	0,6
Mittelwerte		1,9	0,9	3,8	1,6	0,29	1,0

Weitaus differenziertere Angaben liegen für die Schweiz im Zeitraum von 1971 bis 1972 vor, wo ZIMMERLI u. MAREK (1973) 12 Humanfettproben gaschromatographisch untersuchten (Tab. 25).

Weiteren Aufschluß hinsichtlich der Kontamination mit HCB liefern die in der Tabelle 26 wiedergegebenen Analysenergebnisse einer Untersuchung der

Tabelle 26
HCB in Humanfett-Biopsieproben von 28 Einwohnern von Rom und Latium, gaschromatographisch analysiert in den Jahren 1973/74, ausgedrückt in ppm Wirkstoff bezogen auf extrahiertes Fett (von LEONI u. D'ARCA 1975)

Geschlecht	Alter	Gewebeart*	HCB
weiblich	49	a	0,757
weiblich	82	a	0,692
weiblich	56	a	0,666
weiblich	17	a	1,038
weiblich	89	m	0,958
weiblich	64	a	0,810
weiblich	50	m	1,065
weiblich	30	m	1,569
weiblich	37	a	1,757
weiblich	15	m	0,663
weiblich	55	a	0,327
welblich	50	m	0,560
weiblich	43	a	2,577
weiblich	56	a	0,699
männlich	60	a	0,435
männlich	40	a	0,624
männlich	42	a	0,673
männlich	40	a	0,841
männlich	65	o	0,629
männlich	40	a	0,851
männlich	52	a	0,975
männlich	45	o	1,583
männlich	59	a	0,969
männlich	60	a	0,311
männlich	21	o	0,984
männlich	46	o	1,735
männlich	34	a	2,133
männlich	59	a	1,670

* a = Adiposefett; m = Mamillarfett; o = Omentalfett

weibl.: 14; min.: 0,327; max.: 2,577; Durchschnitt: 1,009
männl.: 14; min.: 0,311; max.: 2,133; Durchschnitt: 1,034
m + w: 28; min.: 0,311; max.: 2,577; Durchschnitt: 1,021

Jahre 1973/74 von Leoni u. D'Arca (1975), in der Biopsieproben von Subkutan-, Omental- und Mamillarfettproben von 24 Probanden aus dem Gebiet Rom/Latium, also einer ausgewiesen urbanen Region zusammengefaßt sind.

Zuletzt soll die Publikation von Sáez u. Mitarb. (1977) zitiert werden, in der Biopsieproben im Körperfett von Einwohnern der spanischen Provinz Andalusien, also einem vorwiegend landwirtschaftlich genutzten Gebiet, hinsichtlich sozialer Strukturen, in einer ersten Grobanalyse ausgewertet werden (Tab. 27).

Tabelle 27
Einfluß von Geschlecht und Beruf auf den Gehalt einiger Halogenkohlenwasserstoffe im Körperfett von 32 Einwohnern der spanischen Provinz Andalusien, bestimmt durch Gas- und Dünnschichtchromatographie (von Sáez u. Mitarb. 1977)

Wirkstoff		Zahl der Proben	Mittelwert-Konzentration
			(ppm)
HCB	Männer	14	0,56
	Frauen	18	0,69
	Stadt	14	0,65
	Land	18	0,61
	städt. Berufe	5	0,47
	landw. Berufe	6	0,73
β-HCH	Männer	14	0,98
	Frauen	18	0,83
	Stadt	14	0,86
	Land	18	0,92
	städt. Berufe	5	0,56
	landw. Berufe	6	1,40
DDT-Gesamt	Männer	14	9,46
	Frauen	18	7,23
	Stadt	14	6,96
	Land	18	9,18
	städt. Berufe	5	5,38
	landw. Berufe	6	13,73

Wir haben versucht, die wichtigsten Daten in einer Übersicht zusammenzufassen (Tab. 28). Eindeutig sind aus diesen Arbeiten lediglich drei Schlüsse zu ziehen:

- Die ermittelten Werte für β-HCH (das sowohl als Bestandteil eventuell noch angewandten technischen HCH wie auch als Isomerisierungsprodukt des weltweit eingesetzten Lindan als Agrochemikalie, oder durch Übertritt aus Chemie-Deponien in andere Umweltmedien als Abprodukt gewertet

Tabelle 28
Vergleich der Kontamination von Humanfettgeweben mit β-HCH, Σ DDT (Summe der Isomeren von DDT, DDE und DDD) und HCB in einigen Ländern

Land, Zeitraum der Probenahme, Autor	Kennzeichnung der Proben u. der Werte	Rückstände in ppm bezogen auf extrahiertes Fett β-HCH	Σ DDT	HCB
BRD 1969/70 ACKER u. SCHULTE 1971	Autopsieproben, m + w; n = 45 Durchschnittswerte	0,43	4,7	6,4
England 1969/71 ABBOT u. Mitarb. 1972	m + w; n = 201 Durchschnittswerte	0,27	2,3	0,05 (max.: 0,29)
Japan 1971/72 CURLEY u. Mitarb. 1973	Adiposefett, m + w; n = 241; Minima, Maxima, Durchschn.	<0,07...8,4 1,28	<0,01...16,5 2,47	<0,03...0,77 0,08
BRD 1971/73 ACKER u. SCHULTE 1974	Minima u. Maxima	0,46...1,30	3,88...8,73	2,90...4,80
Schweiz 1972 ZIMMERLI u. MAREK 1973	8 w u. 4 m Minima, Maxima, Durchschnitt	0,3...1,8 0,9	0,6...9,9 5,4	0,6...4,8 1,9
Italien 1973/74 LEONI u. D'ARCA 1975	Adipose-, Omental- u. Mamillarfett, 14 w u. 14 m aus Rom und Latium			0,31...2,58 1,02
Spanien SÁEZ u. Mitarb. 1977	w + m; n = 32 aus ländl. u. urbanen Wohnorten von Andalusien	0,17...2,97 0,9	3,29...22,5 8,21	0,17...1,82 0,63

werden kann) sind in den Humanfettgeweben so verschiedener Länder wie England, BRD, Japan, Schweiz, Italien und Spanien größenordnungsmäßig etwa gleich.

- Das gleiche gilt für das Insektizid DDT, wobei hier noch bemerkt werden muß, daß sich der Sammelbegriff „Gesamt-DDT" (Σ DDT) aus den beiden Isomeren des DDT und seinen stabilen Metaboliten DDE und DDD zusammensetzt. Bemerkenswert sind hier die relativ hohen Werte für Spanien, Italien und die BRD. Während dies in der hauptsächlich als Agrargebiet bekannten Provinz Andalusien nicht sonderlich überrascht, ist es für die BRD doch verwunderlich, da dort nach zahlreichen Versicherungen, infolge des breiten zur Verfügung stehenden Angebotes an Insektiziden, das DDT bereits seit Ende der sechziger Jahre eine vergleichsweise nur sehr geringe Rolle gespielt haben soll.

- Völlig unerklärlich sind aber die gegenüber den anderen Chlorkohlenwasserstoffen zum Teil um zwei Zehnerpotenzen niedrigeren HCB-Werte für England und Japan, bei denen die β-HCH- und DDT-Spiegel durchaus mit denen der anderen Länder übereinstimmen.

Weitaus weniger Angaben liegen vor zur Kontamination von *Humanmilch* mit HCB. Tuinstra (1972) berichtet über Untersuchungen aus der Stadt Leiden und ihrer Umgebung, wobei in allen analysierten Proben HCB nachgewiesen wurde. Von Newton u. Greene (1972) stammen entsprechende Angaben für Australien; hier wurde ein Durchschnittsgehalt von 0,051 ppm bezogen auf die Gesamtmilch gefunden. Acker u. Schulte berichten bereits in ihrer Arbeit 1971 über Untersuchungen von 43 Proben Humanmilch aus der BRD, in der – im Vergleich zu anderen Chlorkohlenwasserstoffen – sehr hohe HCB-Werte registriert wurden (Tab. 29). Diese Absolutzahlen und Relationen wurden allerdings in der Publikation von Rappl u. Waiblinger (1975), wie aus der Tabelle 1 ersichtlich ist, erheblich korrigiert.

Tabelle 29
Chlorkohlenwasserstoffe in Humanmilch (ppm) aus der BRD, bestimmt mit einer gaschromatographischen Methode (nach Acker u. Schulte 1971)

Mittelwert aus 43 Proben	β-HCH	DDT	DDE	DDT + DDE	PCB	HCB
bezogen auf Milchfett	0,54	1,1	2,7	3,8	3,5	5,3
Schwankungsbreite	0,15...2,8	0,40...2,2	0,94...6,4	1,5...8,3	0,54...9,7	1,5...8,3
bezogen auf Milch	0,018	0,031	0,081	0,112	0,103	0,158

Auch der Gehalt von *Blutserum* oder *Plasma* an HCB wurde, wenn auch nur in relativ wenigen Arbeiten, als Indikator vor allem für die berufliche Exposition herangezogen. In den Tabellen 9 und 10 wurden Beispiele hierfür bereits angeführt. Der Vorteil der Messungen von Fremdstoffen im Humanserum liegt in der noch leichteren Zugänglichkeit des Probenmaterials, der Nachteil in den geringeren Konzentrationen, die allerdings analytisch durchaus erfaßbar sind. In der folgenden Tabelle 30 sind die Ergebnisse der Arbeiten von Zimmerli u. Marek (1973), in der die Kontamination einer Mischprobe von Humanserum einer nicht genannten Zahl von Probanden aus der Schweiz, und von SÁEZ u. Mitarb. (1977), in der entsprechende Untersuchungen an 32 Personen weiblichen und männlichen Geschlechts aus Spanien beschrieben wurden, zusammengefaßt.

Tabelle 30
Kontamination des Blutserums von Einwohnern der Schweiz und Spaniens mit verschiedenen Chlorkohlenwasserstoffen (ppm · 10^{-3})

Autoren	HCB	β-HCH	γ-HCH	p,p'-DDE	p,p'-DDT	PCB
ZIMMERLI u. MAREK 1973	4,0	3,4	0,4	14,0	5,3	11
SAEZ u. Mitarb. 1977	5,2	4,0	n. b.*	32,8	5,5	n. b.

* n. b. = nicht bestimmt

Erstaunlich ist bei beiden Arbeiten die recht gute Übereinstimmung der Zahlen. Um so verwunderlicher sind die Ergebnisse der Untersuchungen von BRADY u. SIYALI (1972), die bei 95% von 273 untersuchten Einwohnern von New South Wales in Australien positive HCB-Befunde ermittelten, bei einem Durchschnitt von 410 ppb.

5. Präsenz und Verhalten von HCB in den Ökosystemen

In den folgenden Kapiteln sollen Präsenz und Persistenz von HCB in Gewässern und deren Bewohnern, im Boden einschließlich des Überganges der Verbindung in Pflanzen, in der Atmosphäre sowie in freilebendem Wild beschrieben werden.

5.1. Kontamination von Gewässern und Wasserlebewesen

Die ersten Hinweise zu einer Kontamination von Binnengewässern und Meerwasser mit HCB, die uns zugänglich wurden, sind einer Publikation von KOEMAN u. Mitarb. (1969) zu entnehmen. Die Autoren untersuchten Fische, Krustentiere und Wasservögel des Niederrheins und der niederländischen Seeküsten zunächst auf PCB, wobei sie HCB an allen Stellen fanden, an denen Proben von Indikatororganismen gezogen wurden. Daneben wurden noch Penta- und Tetrachlorbenzol, DDT, DDD und Telodrin massenspektrographisch nachgewiesen. Bereits 1967, also kurz nach den Hinweisen zum Auftreten der PCB in Gewässern, belegten KOEMAN u. Mitarb. in als Plötzen bezeichneten Fischen *Leuciscus rutilus*, in Gründlingen (*Gobio gobio*), Muscheln (*Mytilus edulis*), im Sandaal (*Ammodytes lanceolatus*), in Körpergewebe und Eiern von Brandseeschwalben (*Sterna sandviceusis*) und Eiderenten (*Somateria molissima*) die Anwesenheit – allerdings nicht genannter Mengen – von HCB durch kombinierte Gaschromatographie und Massenspektrometrie. Diese Ergebnisse erweckten Interesse nach Absolutzahlen für HCB in verschiedenen Gewässern und nach den Ursachen für diese Kontaminationen. LEONI u. D'ARCA (1975) stellten 1969 umfangreiche Untersuchungen über Vorkommen und jahreszeitliche Schwankungen der HCB-Konzentrationen in nord- und mittelitalienischen Seen und Flüssen an und fanden Maximalwerte im Winter (6,3 ppm · 10^{-6}, also ppt, für den Salso und 6,2 für den Volturno) vor. Das Flußwasser des Tiber wurde an zwei Stationen in der unmittelbaren Nähe von Rom in den Jahren 1970–1973 monatlich analysiert (Tab. 31). Aus den Ergebnissen läßt sich, zum mindesten größenordnungsmäßig, eine größere Konstanz ableiten, wenn auch die relativ hohen Zahlen für die Monate März und September auffallen. Von 120 untersuchten Proben waren 108 (90%) mit HCB kontaminiert, 37 (34,2%) enthielten weniger als 1 ppt, 69 (63,8%) 1 bis 10 ppt und 2 (1,8%) mehr als 10 ppt HCB.

Tabelle 31
Konzentrationen von HCB im Wasser des Tiber in ng/l (ppt), gaschromatographisch bestimmt (von LEONI u. D'ARCA 1975)

Monate	HCB-Konzentrationen 1970	 1971	 1972	 1973
Januar	0,5	n. b.	1,1	1,8
Februar	0,8	0,7	0,5	1,3
März	3,2	0,4	2,7	13,0
April	1,2	0,4	8,3	2,4
Mai	5,4	0,3	3,7	2,0
Juni	1,1	0,5	1,3	3,6
Juli	n. n.	0,7	3,6	n. b.
August	n. n.	n. b.	n. b.	n. b.
September	17,4	n. b.	6,6	n. b.
Oktober	n. b.	2,9	n. b.	n. b.
November	0,9	1,3	n. b.	n. b.
Dezember	0,4	0,9	3,4	n. b.

n. n. = nicht nachweisbar; n. b. = nicht bestimmt

GREVE (1972) stellte ähnliche Untersuchungen am Niederrhein in den Niederlanden an und fand in 98% aller analysierten Proben HCB mit einem Durchschnittsgehalt von 130 ppt (10...520) HCB.

EICHNER (1976) analysierte Oberflächengewässer des Oberrheins, seiner Zuflüsse und des Bodensees; auch hier wurden höhere Werte gefunden als in den italienischen Gewässern. Das gleiche gilt für die Arbeit von ROSIVAL u. SZOKOLAY (1975), die in ihre Analysen zusätzlich noch Trinkwasser (Grundwasser) und verschiedene stehende und fließende Binnengewässer der Slowakei mit einbezogen und die HCB-Werte (die allerdings, infolge der angewandten Analysenmethode, gemeinsam mit α- und δ-HCH ausgedrückt sind, wobei letztere gewiß nur einen geringen Bruchteil des HCB ausmachen dürften) anderen Chlorkohlenwasserstoffen gegenüberstellen (Tab. 32).

Tabelle 32
Rückstände von Chlorkohlenwasserstoffen in Wasserproben aus der Slowakei 1971 bis 1973 (ppm · 19^{-3}) (nach ROSIVAL u. SZOKOLAY 1975)

	γ-HCH	β-HCH	α + δ-HCH + HCB	p,p'-DDE	p,p'-DDT
Grundwasser (Trinkwasser), 92 Proben					
∅	0,09	0,02	0,05	0,02	0,04
min.	0,01	0,00	0,00	0,00	0,00
max.	0,34	0,22	0,30	0,16	0,32
Oberflächengewässer, 176 Proben					
∅	0,08	0,03	0,05	0,04	0,07
min.	0,00	0,00	0,01	0,00	0,00
max.	3,60	2,55	16,35	0,50	0,38

In den Jahren 1971 bis 1974 wurden von SACKMAUEROVÁ u. Mitarb. (1977) 185 Proben Oberflächenwasser des Donau-Teiles von Děvin bis Komárno (Slowakei), 10 Proben Flußschlamm (Sediment), 10 Proben verschiedener, nicht näher bezeichneter Wasserpflanzen, 65 Proben der herbivoren Fische Zope (*Abramis balerus*), Karpfen (*Cyprinus carpio*) und Nase (*Chondrostoma nasus*) sowie 78 Proben der carnivoren Fische Hecht (*Esox lucius*), Rapfen (*Aspius aspius*), Sonnenfisch (*Lepomis gibbosus*) und Flußbarsch (*Perca fluviatilis*) gezogen und auf Chlorkohlenwasserstoffe untersucht. Festgestellt wurde, mittels einer Kombination von Gas- und Dünnschichtchromatographie, der Gehalt an γ-HCH, β-HCH, (α + δ)-HCH + HCB (bis 1973) als gemeinsamer Wert, ab 1974 HCB gesondert), p,p'-DDE und p,p'-DDT. Der Gehalt an Chlorkohlenwasserstoffen in den carnivoren Fischen war etwa fünfmal höher als in den herbivoren; die Akkumulationskoeffizienten Wasser: Fische lagen für HCH etwa bei 1000, für DDT bei 10000. Für HCB wurde kein gesonderter Akkumulationskoeffizient angegeben. Die Einzelwerte sind in der Tabelle 33 zusammengefaßt.

In den 1974 analysierten Fisch-Proben war ein Anstieg des HCB-Gehaltes zu verzeichnen; das Maximum lag bei 0,26 ppm.

Der HCB-Gehalt im Flußwasser des Mississippi, im Sediment, sowie in Fischen (*Gambusia affinis*) und Krebsen (*Procambarus clarki*), der allerdings recht genau auf eine bestimmte industrielle Kontaminationsquelle zurückzuführen

Tabelle 33
Halogenkohlenwasserstoffe in Wasser, Sediment und Bewohnern des slowakischen Teiles der Donau (nach SACKMAUEROVÁ u. Mitarb. 1977)

	γ-HCH	β-HCH	α + δ-HCH + HCB	p,p'-DDE	p,p'-DDT
Oberflächenwasser, 185 Proben; ppm · 10^{-3} (= ppb)					
min.	0,06		0,01	0,06	0,098
max.	0,197		0,106	0,128	0,165
Flußschlamm, 10 Proben; ppm					
∅	0,010	0,010	0,016	2,110	0,700
min.	0,008	0,000	0,005	0,800	0,060
max.	0,045	0,020	0,052	2,830	1,120
Flußpflanzen, 10 Proben; ppm					
∅	0,026	0,000	0,032	0,003	0,002
min.	0,010	0,000	0,014	0,000	0,000
max.	0,038	0,002	0,068	0,009	0,004
herbivore Fische, 65 Proben; ppm					
min.	0,038	0,000	0,035	0,085	0,070
max.	0,064	0,027	0,075	0,190	0,113
carnivore Fische, 78 Proben; ppm					
min.	0,020	0,000	0,025	0,950	0,232
max.	0,106	0,045	0,090	2,580	2,250

ist, wurde bereits in der Tabelle 11 wiedergegeben (LASKA u. Mitarb. 1976). Auch hier liegen die Werte für das Wasser (Durchschnitt 1,2 ppb) um zwei Zehnerpotenzen höher als bei den in Italien registrierten Zahlen und erreichen etwa die gleiche Größenordnung wie die Analysen für die Donau von SACKMAUEROVÁ u. Mitarb. (1977). Auch ähneln sich beide Arbeiten in bezug auf die Akkumulationsraten im Sediment und in Fischen.

Gleichfalls auf Kontaminationen von Gewässern in Kanada führen GILBERTSON u. REYNOLDS (1972) die Chlorkohlenwasserstoff-Rückstände in Eiern der Flußseeschwalbe (*Sterna hirundo*) zurück (Tab. 34). Die sich vorwiegend von

Tabelle 34
Rückstände von Chlorkohlenwasserstoffen (ppm) in 13 Eiern von Flußseeschwalben vom Ontariosee, gaschromatographisch bestimmt (von GILBERTSON u. REYNOLDS 1972)

	HCB	p,p'-DDE	Dieldrin	PCB
min.	1,35	25,3	2,47	97,0
max.	14,7	147	10,1	811
∅	7,67	72,3	4,93	419

kleinen Fischen (z. B. *Alosa pseudoharengus* und *Osmarus mordox*) ernährenden Vögel hatten ihre Kolonien auf zwei Inseln in Hamilton Harbour, am Westufer des Ontariosees.
ZITKO (1976) beschreibt die Ergebnisse von 1971 bis 1975 durchgeführten Untersuchungen der Eier von *Phalacrocorax auritus*, einer Kormoran-Art auf der Whitehorse-Insel in der Fundy-Bucht (Kanada) auf die Chlorkohlenwasserstoffe HCB, PCB, p,p'-DDE, p,p'-DDT, p,p'-DDD, Dieldrin und Mirex, die in der Tabelle 35 zusammengefaßt sind.

Tabelle 35
Konzentration von Chlorkohlenwasserstoffen in Kormoran-Eiern in Kanada (ppm Naßgewicht), Mittelwerte von jährlich 9 bis 10 analysierten Eiern, gaschromatographisch bestimmt (nach ZITKO 1976)

Verbindung	1971	1972	1973	1974	1975
HCB	n. b.	n. b.	0,016	0,016	0,017
PCB	14,3	9,6	5,57	5,25	5,23
p,p'-DDE	9,70	6,72	2,89	1,92	2,01
Dieldrin	n. b.	0,297	0,117	0,041	0,156
p,p'-DDT	n. b.	0,167	0,073	0,023	0,075
Mirex	n. b.	n. b.	0,058	0,059	0,113

Zur Feststellung der Aufnahmerate (Akkumulationskoeffizient) von HCB durch Fische im Vergleich mit anderen Halogenkohlenwasserstoffen (Polychlor- und -brombiphenyle und Hexabrombenzol) wurden Lachse (*Salmo salar*) unter Laborbedingungen in verschieden hoch kontaminiertem Wasser gehalten bzw. erhielten ein Fischtrockenfutter mit unterschiedlich hohem Gehalt an Halogenkohlenwasserstoffen (ZITKO u. HUTZINGER 1976). Die Abnahme des HCB im Wasser – hauptsächlich zurückzuführen auf die Aufnahme durch die Fische, aber auch auf Abbau durch Mikroorganismen sowie Kodestillation mit Wasserdampf – erfolgte schnell und kontinuierlich. Auch der Gehalt an HCB und den anderen Halogenkohlenwasserstoffen im Fisch zeigt eine abnehmende Tendenz (Tab. 36).

Tabelle 36
Aufnahme von HCB und 2,5,3',4'-Tetrachlorbiphenyl (4 CB) durch Lachse unter Laborbedingungen (nach ZITKO u. HUTZINGER 1976)

Konzentration im Wasser, µg/l			Konzentration im Fisch µg/g Naßgewicht	
h nach der Zugabe	4 CB	HCB	4 CB	HCB
0	34,5	6,60	–	–
24	12,9	1,24	–	–
48	9,28	0,95	4,89	0,955
96	3,61	0,22	3,69	0,580

Unabhängig davon verschiebt sich das Verhältnis der Konzentration der Verbindung im Wasser zu ihrer Konzentration im Fisch (vor allem bei dem HCB) deutlich auf die Seite des letzteren Wertes. War der Gehalt an HCB im Fisch 48 Stunden nach Beginn des Experiments noch etwa 100mal so hoch wie die Konzentration im Wasser, so liegt die gleiche Zahl nach 96 Stunden bei etwa 250. Bei dem 4 CB sind die Absolutwerte zwar höher, die Akkumulation aber nur etwa halb so hoch.

Demgegenüber lagen die Aufnahmeraten bei einem von denselben Autoren angestellten Fütterungsversuch durchweg um mehr als eine Zehnerpotenz niedriger, die Absolutwerte stiegen aber mit der Dauer (des Versuches an Tab. 37).

Tabelle 37
Konzentration an HCB und 4 CB in Lachsen (*Salmo salar*), denen in einem Laborversuch ausschließlich mit diesen Verbindungen kontaminiertes Futter verabreicht wurde (nach Zitko u. Hutzinger 1976)

Tage nach Versuchsbeginn	Konzentration (µg/g) an 4 CB	HCB
14	0,157	0,019
28	0,159	0,022
40	0,278	0,027

Die Autoren schließen – in Auswertung von Versuchen mit verschieden hoch chlor- und bromhaltigen Biphenylen und Benzolen –, daß neben der Wasser- und Lipoidlöslichkeit auch das Molekulargewicht eine wesentliche Rolle bei der Akkumulation bzw. der Aufnahme aus dem Wasser spielt. Ab einer bestimmten Höhe des Molekulargewichtes wird die Anreicherung aus dem Wasser offenbar erschwert. Dies wird besonders deutlich bei einem Vergleich von HCB mit seinem Bromanalogen Hexabrombenzol. Während HCB mit dem Molekulargewicht MG 284,7 zu den am meisten akkumulierten Stoffen gehört, wird Hexabrombenzol (MG 551,4) praktisch nicht gespeichert. Ähnliches ist von den polybromierten Biphenylen zu sagen, deren Aufnahmerate mit zunehmendem Gehalt an Bromatomen stetig abnimmt.

Lunde u. Baumann-Olfstad (1976) konnten durch die Bestimmung von Chlorkohlenwasserstoffen in Sprotten (*Clupea sprattus*) aus Gewässern, die verschieden weit von einer industriellen Kontaminationsquelle entfernt waren, die Fische als Indikatororganismen für den Kontaminationsgrad verwenden (Tab. 38).

Mit Hilfe von Gaschromatographie-Massenspektrometrie wurden in Sprotten aus kontaminierten Fjorden in Norwegen die folgenden Verbindungen identifiziert und quantitativ bestimmt: Pentachlorbenzol (5ClB), Hexachlorbenzol

Tabelle 38
Gehalt an chlorierten Kohlenwasserstoffen (ppm) im Öl von Sprotten (*Clupea sprattus*) in Küstengewässern Norwegens, entfernt von der Kontaminationsquelle (Frierfjorden) (bestimmt von LUNDE u. BAUMANN-OLFSTAD 1976)

Entnahmeort	Datum		% Öl	PCB	OCS	HCS	HCB	5 ClB	4 ClB	3 ClB
Frierfjorden	Jun.	74	13	2,0	8,8	2,9	16,0	3,7	0,4	0,5
Frierfjorden	Sept.	75	18	3,8	11,2	4,0	13,7	2,1	0,14	0,2
Eidangerfjorden	Sept.	75	13	2,0	3,8	1,1	5,9	0,7	0,05	0,07
Ormenfjorden	Sept.	75	20	1,0	2,0	0,6	4,2	0,5	0,03	0,06
Sandefjord	Nov.	75	16	3,7	0,1	0,02	0,13	0,01	0,01	0,01
Torvik	Jul.	75	12	0,7	–	–	0,04	–	–	–

(HCB), Trichlorbenzol (3ClB), Tetrachlorbenzol (4ClB), Heptachlorstyrol (HCS), Octachlorstyrol (OCS) und Polychlorierte Biphenyle (PCB). Mit Ausnahme der PCB wurde bei allen beständigen chlorierten Kohlenwasserstoffen mit zunehmender Entfernung von der Kontaminationsquelle (Frierfjorden) eine Abnahme der Konzentrationen gemessen. Hochchlorierte Verbindungen werden in dem Sprottenöl deutlicher angereichert als solche mit niedrigem Chlorgehalt, was sicher auf die mit zunehmender Anzahl von Chloratomen steigende Lipoid- und sinkende Wasserlöslichkeit zurückzuführen sein dürfte. Als Vergleich wurden Proben gleichfalls von der norwegischen Westküste (Torvik, Romsdal) analysiert.

Während die Wirkungsmechanismen des HCB in tierischen Organismen leidlich gut bekannt sind, weiß man über entsprechendes Verhalten auf und in der Pflanze nur sehr wenig. GEIKE u. PARASHER (1976) inkubierten Kulturen der Süßwasser-Grünalge *Chlorella pyrenoidosa* 46 Stunden in Nährlösungen mit einem HCB-Gehalt von 0; 0,001; 0,01; 0,1; 1,0 und 10,0 ppm in einem Licht-Thermostat (30 °C, Belüftung, Dauerbelichtung mit 4000 Lux) und bestimmten hierauf die Algentrockenmasse, den Gehalt an Chlorophyll, an Kohlenhydraten und Gesamtstickstoff. Unter den genannten Laborbedingungen waren alle Wachstumsparameter bei allen Konzentrationen deutlich gehemmt, wobei vor allem der Gesamtstickstoff und die Chlorophyllbildung besonders augenfällig herabgesetzt wurden. Die Inhibierungen verliefen durchweg etwa proportional den Konzentrationen (Abb. 8).

Um so überraschender fielen dann Langzeitversuche aus, bei denen die Algen in den gleichen Lösungen in Erlenmeyer-Kolben dem Tageslicht ausgesetzt wurden, was in den unteren Konzentrationsbereichen bis zu 0,01 ppm ohne Einfluß blieb, bei 0,1 und 1,0 ppm HCB zu einem Chlorophyllwachstums-Anstieg auf etwa 120% gegenüber der Kontrolle und den niedrigen Konzentrationsbereichen führte, während die 10-ppm-HCB-Serie wiederum die gleichen Chlorophyll-Werte zeigte wie die Kontrolle. Wurden diese Lösungen nunmehr

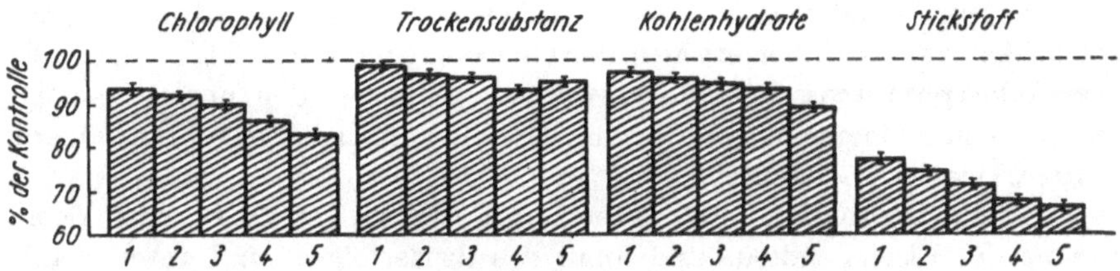

Abb. 8 Einfluß von HCB auf einige Wachstumsparameter von *Clorella pyrenoidosa* (nach Geike u. Parasher 1976)
(1 = 10^{-3}, 2 = 10^{-2}, 3 = 0,1, 4 = 1,0 und 5 = 10 ppm)

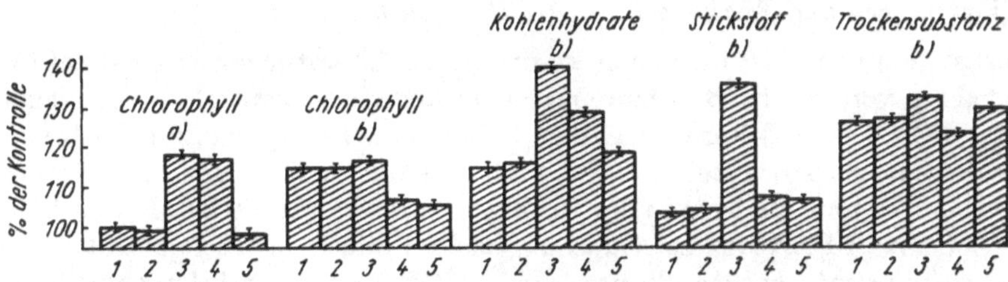

Abb. 9 Einfluß einer 3 Monate dauernden Behandlung mit HCB auf einige Wachstumsparameter von *Chlorella pyrenoidosa* (nach Geike u. Parasher 1976)
a) gewachsen unter Laboratoriumsbedingungen
b) danach 72 Std. Bestrahlen und Belüften in einem Licht-Thermostaten

72 Stunden unter den gleichen Bedingungen wie oben genannt belichtet, so stiegen alle Meßwerte bei allen Parametern deutlich über die der HCB-freien Kontrollen an (Abb. 9).

Von den Autoren wird diese Erscheinung, für die es bei ähnlichen Versuchen z.B. mit DDT und anderen Chlorkohlenwasserstoffen offenbar keine Parallele gibt, als nicht erklärlich eingeschätzt. Zu bemerken ist weiterhin, daß diese Konzentrationsbereiche auch bei der unteren Grenze noch weit über den unter Praxisbedingungen vorkommenden HCB-Meßwerten liegen.

Zusammenfassend kann zum Verhalten des HCB in Gewässern und zu seinem Einfluß auf die im Wasser lebenden Organismen gesagt werden:

- Der Wirkstoff ist in Wasser ebenso persistent wie in anderen Medien. Konzentrationsabnahmen sind zurückzuführen auf den Übergang in das Sediment, auf Kodestillation und auf Aufnahme durch Organismen, nicht aber auf Metabolismus.
- Entsprechend seinen physikalischen Eigenschaften wird der Wirkstoff von Phyto- und Zooplankton sowie höheren Pflanzen und Tieren aufgenommen und gespeichert. Er geht hier in Nahrungsketten ein, die bei fischfressenden Seevögeln bzw. beim Menschen enden. Die Anreicherungskoeffizienten

sind – entsprechend dem unterschiedlichen Gehalt an Lipoidsubstanzen – verschieden, dürften aber etwa in der Größenordnung des DDT liegen. Toxische oder phytotoxische Effekte wurden weder bei den unter Praxisbedingungen herrschenden, noch bei im Modellversuch hergestellten höheren Konzentrationen beobachtet.

- Verschiedene ökotoxikologisch interessante Wirkungen (z.B. eine Beeinflussung der Eischalendicke und somit des Bruterfolges) sind unter Praxisbedingungen nicht zu ermitteln, da zu viele andere Chlorkohlenwasserstoffe (z.B. DDT und seine Metabolite) mit entsprechenden Aktivitäten die Aussage stören würden.

5.2. Vorkommen und Wirkungen von HCB im Boden

Rückstände von HCB im Boden werden in der Literatur vorwiegend auf die Anwendung von mit HCB verunreinigten Pflanzenschutzmitteln – vor allem auf das PCNB –, in selteneren Fällen auf die gezielte Applikation HCB-enthaltender Saatgutbeizmittel und vereinzelt, wie das in Kapitel 3 beschriebene Beispiel der Untersuchungen in der Nachbarschaft der chemischen Fabrik bzw. ihrer Deponie in Louisiana zeigt, auf ungezielte Pollution zurückgeführt.

Die *außerordentlich hohe Persistenz von HCB im Boden* wird allgemein bestätigt. Beck u. Hansen (1974) stellten Modellversuche über den Ab- und Umbau von mit HCB verunreinigten PCNB-Präparaten im Boden an, und kamen zu den folgenden Halbwertszeiten:

HCB = 969...2089 Tage
5ClB = 194... 345 Tage
PCNB = 213... 699 Tage.

Die Anwesenheit des Pentachlorbenzols (5ClB) ist sicherlich weit mehr auf Verunreinigungen des PCNB-Präparates als auf eventuellen Metabolismus des HCB zurückzuführen. Zu ähnlichen Ergebnissen kam Häfner (1975a), der Gewächshausböden analysierte, die infolge Salatanbaues und der hierbei notwendig werdenden Behandlungen gegen Sklerotinose PCNB enthielten. Die in der Tabelle 39 zusammengefaßten Werte, die eine Abhängigkeit der Kontamination von der Zahl der Behandlungen nicht erkennen lassen, machen jedoch deutlich, daß die HCB-Konzentrationen höher liegen als die des PCNB; also auch hier wird die wesentlich höhere Persistenz des HCB gegenüber dem PCNB bestätigt.

Diese Ergebnisse waren der Anlaß für die Untersuchung von Gewächshauserden, die mindestens 20 Jahre lang nicht mit PCNB-enthaltenden Präparaten behandelt worden waren (Tab. 40). Auch hier wird klar sichtbar, daß PCNB nicht mehr, HCB jedoch – wenn auch nur in Spuren – deutlich nachzuweisen war.

Auch im Freiland, und zwar in landwirtschaftlich genutzten Böden, die mit PCNB- bzw. HCB-gebeiztem Saatgut bestellt worden waren, wurde von Häf-

Tabelle 39
Rückstände von HCB und PCNB in Gewächshauserden (nach HÄFNER 1975a)

Betrieb Nr.	Zahl der Anwendungen von Brassicol und deren Zeitraum		Rückstände in ppm HCB min.	max.	PCNB min.	max.
1	etwa 6...8;	1958...70	0,089	0,550	0,020	1,020
2	2...4;	1968...72	0,055	0,155	0,019	0,438
3	etwa 6;	1962...71	0,5606	0,760	0,319	0,500
4	etwa 5;	1963...71	0,249	1,030	0,088	0,440
5	2...5;	1967...71	0,076	0,380	0,020	0,260
6	mehrmals	1952...72	0,158	0,952	0,043	0,500
7	7;	1958...72		0,600		0,200

Das Handelspräparat Brassicol enthält etwa 2...4% HCB als Verunreinigung

Tabelle 40
HCB- und PCNB-Rückstände in Gewächshauserden, die nachweisbar mindestens 20 Jahre lang nicht mit HCB-verunreinigten PCNB-Präparaten (Brassicol) behandelt worden waren (nach HÄFNER 1975a)

Betrieb Nr.	Rückstände in ppm HCB	PCNB
8	0,004...0,007	n.n.
9	0,002	n.n.
10	0,013	n.n.
11	0,015	n.n.

NER (1975a) durchweg HCB (Min.: 0,004 ppm, Max.: 0,020 ppm, Durchschnitt: 0,01 ppm) gefunden, dagegen kein PCNB.

Gleichfalls von HÄFNER (1975a) stammen Untersuchungen zur *Penetration* der beiden Wirkstoffe *in tiefere Bodenschichten*, die im Zusammenhange mit eventuellen Grundwasserkontaminationen von Interesse sind (Tab. 41).

Hierbei fällt besonders auf, daß das HCB, trotz seiner extrem geringen Wasserlöslichkeit, in tieferen Bodenhorizonten nachzuweisen war als das PCNB. Eine Erklärung hierfür wird von dem Autor nicht gegeben, sie kann aber – unabhängig von dem Transportmechanismus – nur darin liegen, daß das PCNB schneller abgebaut wird und demzufolge nicht mehr zur Migration gelangen kann. Die Mobilität des HCB kann auch über die Gas- oder Wasserdampfphase innerhalb der Porenvolumina vonstatten gehen.

Die Tabelle 42 zeigt einen Vergleich der Kontaminationen von 183 Proben landwirtschaftlich genutzter Böden in der Slowakei mit den wichtigsten Chlor-

Tabelle 41
Rückstände von HCB und PCNB in Gewächshauserden aus verschiedenen Bodentiefen (nach HÄFNER 1975a)

Bodentiefe cm	Rückstände in ppm Betrieb I Folienhaus 3		Betrieb II Gewächshaus 2		Betrieb III Gewächshaus 2	
	HCB	PCNB	HCB	PCNB	HCB	PCNB
0... 30	0,250	0,370	0,550	1,020	0,270	0,045
30... 60	0,014	n.n.	0,330	0,780	0,055	0,009
60... 80	0,007	n.n.	0,007	n.n.	0,017	n.n.
80...100	n.n.	n.n.	n.n.	n.n.	n.n.	n.n.

Tabelle 42
Rückstände von Chlorkohlenwasserstoffen in 183 Proben von landwirtschaftlich genutzten Böden der Slowakei 1971 bis 1973 in mg/kg (nach ROSIVAL u. SZOKOLAY 1975)

	γ-HCH	β-HCH	α + δ-HCH + HCB	p,p'-DDE	p,p,'-DDT
ø	0,07	0	0,011	0,032	0,082
min.	0	0	0	0	0
max.	0,191	0,036	0,108	0,765	0,415

kohlenwasserstoffen. Auch hier wird deutlich, daß die Durchschnittswerte in der Größenordnung der mengenmäßig weit mehr genutzten Verbindungen DDT und HCH liegen.

Beim Auftreten biologisch aktiver Substanzen im Boden wird stets die Frage nach einer möglichen *Beeinflussung* von *Bodenmikroorganismen* gestellt. Sie scheint beim HCB zunächst aktueller zu sein als bei vielen anderen, häufig intensiv bearbeiteten Stoffen, da die ersten bekannten biologischen Wirkungen des HCB fungizider Natur waren. Von GOVINDARAJU u. VLASSAK (1976) wurde in Modellversuchen unter Verwendung eines Lehm- und eines Tonbodens festgestellt, daß HCB bis zu Konzentrationen von 200 ppm (die höchsten den Böden zugeführten Mengen, die um 3 bis 4 Zehnerpotenzen höher liegen als die unter Praxisbedingungen gefundenen Werte) keine toxischen Wirkungen auf die Nitrogenase-Aktivität und die Nitrifikation ausübt. Weitere Arbeiten über Wirkungen von HCB auf andere Bodenmikroorganismen bzw. deren Aktivitäten konnten wir bisher nicht ermitteln. ISENSEE u. Mitarb. (1976) setzten HCB im Boden verschiedenen mikrobiologischen Bedingungen (aerob-steril und nichtsteril, anaerob-nichtsteril) in einem 1 Jahr dauernden Modellversuch aus. Unter keiner der Bedingungen kam es zu einem mikrobiologisch bewirkten Ab- oder Umbau der Verbindung.

Von besonderem Interesse für die gärtnerische und landwirtschaftliche Pflanzenproduktion ist die Möglichkeit einer *Sekundärkontamination* von *Kulturpflanzen, die auf HCB-enthaltenden Böden wachsen*. Daß dies auch bei so extrem wasserunlöslichen Stoffen wie dem DDT unter Praxisbedingungen möglich ist, konnten wir in einer früheren Arbeit (HEINISCH u. Mitarb. 1968) nachweisen WALLNÖFER u. Mitarb. (1974) stellten Gewächshaus- und Freilandversuche mit Radieschen, Möhren und Zuckerrüben an, die auf mit definierten HCB-Mengen kontaminierten Böden gezogen wurden. Die Ergebnisse sind in der Tabelle 43 zusammengefaßt.

Tabelle 43
Aufnahme von HCB durch Radieschen und Möhren in Gewächshaus- und Freilandversuchen (nach WALLNÖFER u. Mitarb. 1974)

dem Boden zugefügtes HCB (ppm)	im Boden gefundene Wirkstoffkonzentrationen (ppm) bei Versuchsbeginn	Versuchsende	ppm HCB in Radieschen	in Möhren
Gewächshaus; Versuchsdauer bei Radieschen: 68 Tage, bei Möhren: 120 Tage				
0,05	0,044	0,028	n.n.	0,011
0,5	0,40	0,30	n.n.	0,05
5,0	3,95	2,20	0,025	0,50
Freiland; Versuchsdauer bei Radieschen: 57 Tage; bei Möhren: 81 Tage				
0,05	n.b.		0,008	0,014
0,5	n.b.		0,030	0,12

n.n. = nicht nachweisbar, n.b. = nicht bestimmt

Bemerkenswert an den Versuchsergebnissen ist die *relativ hohe Kontamination der Möhren, die als Kleinstkinder- und diätetische Nahrung* besonders kritisch hinsichtlich ihres Gehaltes an Fremdstoffen zu betrachten sind. Aus der Arbeit geht weiterhin hervor, daß es sich hier um eine echte Aufnahme des Wirkstoffes durch die Möhren handeln muß; in der geschälten Wurzel sind – wenn auch geringere als in der Schale – HCB-Rückstände nachweisbar. Dies wird auch bestätigt durch die Versuche mit Zuckerrüben (Tab. 44). Auch hier ist eine deutliche Erhöhung des HCB-Gehaltes in der Rübenschale zu beobachten, aber ebenso meßbare Werte in den Blättern. Letztere Werte nehmen mit zunehmender Vegetationsdauer durch den bekannten „Verdünnungseffekt" deutlich ab, beweisen aber doch eine Translokation innerhalb der Pflanze von den unter- zu den oberirdischen Pflanzenteilen hin.

Der zuletzt genannte Vorgang wurde auch von HÄFNER (1975b) sowie von DEJONCKHEERE u. Mitarb. (1975a u. 1976) im Verlaufe ihrer Versuche mit Salat, der auf mit HCB kontaminiertem Boden gezogen wurde, diskutiert.

Tabelle 44
Verteilung von HCB (ppm) im Boden und in Zuckerrüben je nach dem Alter der Pflanzen (nach Wallnöfer u. Mitarb. 1975)

Pflanzen	Bodenkonzentration	Schale	geschälte Rübe	Blätter	Gesamtpflanzen
60 Tage	0,3		0,17	0,05	0,15
73 Tage	0,3	0,053	0,008	0,003	0,012

Häfner neigt zu der Ansicht, daß die hierbei gefundenen HCB-Rückstände in den Pflanzen hauptsächlich auf eine Kontamination über die Gasphase zurückzuführen sind, d. h. daß der Wirkstoff infolge seines Dampfdruckes oder durch Kodestillation mit der Bodenfeuchtigkeit auf die Pflanzenoberflächen gelangt ist. Demgegenüber wertet Dejonckheere den starken zeitlichen Verdünnungseffekt einerseits und die in Boden und Pflanzen in der frühen Vegetationsphase annähernd gleich großen Wirkstoffkonzentrationen als Hinweis für eine Aufnahme über das Wurzelsystem und Translokation mit dem Saftstrom in die oberirdischen Pflanzenteile (Tab. 45).

Tabelle 45
Rückstände von PCNB und HCB in Komposterde und Salat aus einem Gewächshausversuch (Dejonckheere u. Mitarb. 1975a)

	PCNB (ppm)		HCB (ppm)		
Boden	Salat	Boden:Salat	Boden	Salat	Boden:Salat
0,12	A 0,37	3	0,007	0,011	1,60
	B 0,11	0,92		<0,005	<0,70
0,44	A 0,49	1,11	0,019	0,015	0,79
	B 0,19	0,43		<0,005	<0,26
6,1	A 2,67	0,44	0,18	0,11	0,61
	B 0,89	0,15		0,032	0,17
2,6	A 0,92	0,35	0,073	0,026	0,35
	B 0,36	0,14		0,009	0,12

A = Probenahme im Frühherbst; B = Probenahme im Spätherbst

Als Beweis für die letztere Annahme sind die Versuche mit Getreidepflanzen von Wallnöfer u. Königer (1974), von Freitag u. Mitarb. (1974) sowie von Smelt u. Leistra (1974) zu werten.

Die Tatsache, daß in erntereifen Körnern meßbare HCB-Rückstände nachzuweisen waren (Tab. 46), deutet recht klar auf eine Translokation innerhalb der Pflanze hin.

Tabelle 46
HCB in Getreidepflanzen (Winterweizen), Getreide und Boden; Freilandversuch (nach WALLNÖFER u. KÖNIGER 1974)

	unbehandelt	behandelt
Bodenkrume	0,002 ppm	3,25 ppm
Pflanzen vor Ährenschieben	0,002 ppm	0,007 ppm
Ähren, erntereif	<0,001 ppm	<0,001 ppm
Körner, erntereif	<0,001 ppm	0,004 ppm

Tabelle 47
Verteilung von ^{14}C-markiertem HCB in Sommerweizen, Boden und Unkraut nach Saatgutbehandlung (entnommen bei FREITAG u. Mitarb. 1974)

Probe	% der applizierten Radioaktivität	% der wiedergefundenen Radioaktivität	Rückstand (ppm)
Boden	68,60	94,80	0,020
Wurzeln	3,12	4,31	2,857
Stroh, Spreu	0,45	0,61	0,058
Körner	0,12	0,17	0,020
Unkraut	0,08	0,11	0,421
Summe	72,37	100,00	

FREITAG u. Mitarb. (1974) dehnten diese Untersuchungen auf weitere Pflanzenteile (Wurzeln, Spreu) sowie auch auf (nicht näher bezeichnetes) Unkraut aus und kamen zu den in Tabelle 47 wiedergegebenen Ergebnissen.

In der letztgenannten Arbeit versuchten die Autoren auch Hinweise zum *Metabolismus von HCB in Pflanzen* zu finden. Die geringen Spuren von 5ClB waren auf Verunreinigungen des applizierten Präparates zurückzuführen. Bei den relativ kurzlebigen Pflanzen reicht also offenbar die Vegetationsdauer für einen Ab- und Umbau der stabilen Verbindung – im Gegensatz zu DDT, HCH und anderen Chlorkohlenwasserstoffen – nicht aus.

SMELT u. LEISTRA (1974) analysierten Gras (Wurzeln, Mittel- und Oberteil der Pflanzen), Heu, Möhren, Futter- und Zuckerrüben (Wurzeln, Kronen, Blätter), Kartoffeln, Zwiebeln und Schalotten, die auf mit HCB kontaminierten Böden angebaut worden waren. Die Pflanzen nahmen durchweg den Wirkstoff auf, wobei die höchsten Werte wiederum bei den Möhren registriert wurden.

Zusammenfassend kann gesagt werden, daß HCB

- im Boden zu den beständigsten organischen Verbindungen überhaupt zu rechnen ist,

- für Wechselwirkungen mit Bodenmikroorganismen im Sinne einer Beeinflussung ihrer Population oder eines mikrobiell induzierten Metabolismus im Boden keine Hinweise vorliegen,
- von höheren Pflanzen offenbar über das Wurzelsystem aufgenommen und mit dem Saftstrom in oberirdische Pflanzenteile transloziert wird. Auch hier konnte kein Metabolismus nachgewiesen werden.

5.3. HCB in der Atmosphäre

Messungen zum Eintrag von HCB in die Atmosphäre sind uns nur in einer Publikation bekannt geworden (o.V. 1973). Von dem Tetrachlorkohlenstoff und Trichloräthylen erzeugenden Betrieb in Louisiana wurde eingeschätzt, daß innerhalb des Produktionsprozesses mit einem täglichen Verlust von etwa 10 lb „hex waste", also etwa 1 lb HCB zu rechnen ist, der durchweg in die Luft entweicht. In der näheren Umgebung der Louisiana-Deponie wurden in der Luft Konzentrationen von 13 bis 14 ppb oder 16 bis 18 $\mu g/m^3$ an HCB gemessen.

Der Eintritt von HCB in die Atmosphäre kann also erfolgen mit Produktions-Abgasen, ferner in Abgasen und -rauchen von Müllverbrennungsanlagen, in denen auch mit Pentachlorphenol imprägnierte Holzabfälle verbrannt werden, sowie durch Verdunstung und Kodestillation aus allen HCB enthaltenden biotischen und abiotischen Medien, wie Pedo- und Hydrosphäre, Pflanzen und Deponien. Untersuchungen über Wirkungen und Transport von HCB in der Atmosphäre sind uns nicht bekannt.

5.4. HCB in freilebendem Wild und der Avifauna

Ausführliche Analysen über die Kontamination freilebender Säuger in der BRD stammen von Koss u. Manz (1976), die Füchse (*Vulpus vulpus*), Wildschweine (*Sus scrofa*) und Rehe (*Capreolus capreolus*) in ihrem natürlichen Habitat abschossen und ihr Subkutanfett auf den Gehalt an HCB untersuchten (Tab. 48). Die Ergebnisse zeigen deutlich höhere HCB-Werte in den omnivoren Wildschweinen und den carnivoren Füchsen, die sich u.a. von Kleinsäugern wie Mäusen, Hamstern u.ä., aber auch von Invertebraten ernähren, gegenüber den weitaus geringeren Kontaminationsraten der Rehe.

Bereits 2 bis 3 Jahre bevor andere Tierarten auf ihren Gehalt an HCB in Geweben und Organen analysiert wurden, galt das Interesse der HCB-Kontamination verschiedener Vertreter der *Avifauna*. Vos u. Mitarb. (1968) untersuchten in den Jahren 1965 bis 1968 14 freilebende Greifvögel in den Niederlanden auf die HCB-Werte in der Leber: Sperber (*Accipiter nisus*), Mäusebussard (*Buteo buteo*) und Nebelkrähe (*Corvus cornix*). Die Konzentrationen lagen in einem Bereich von 0,8 und 431 ppm, Durchschnitt 45,5 ppm. Koeman u. Mitarb. (1969) setzten diese Arbeiten fort und analysierten die Leber von 20 Exemplaren von Turmfalken (*Falco tinnunculus*), Mäusebussarden, Sperbern, Rohrweihen (*Circus aeruginosus*), Schleiereulen (*Tyto alba*), Wald-

Tabelle 48
HCB-Rückstände im subkatanen Fettgewebe wildlebender Tiere (nach Koss u. MANZ 1976)

Art	Gebiet	Zeit	HCB-Rückstände in ppm	
Fuchs	Süd-Hessen	Herbst 1973	0,24	
			0,22	
			0,18	
			0,25	
			0,62	
			0,22	∅ = 0,33
	Oldenburg	Herbst 1973	0,42	
			0,42	
			0,34	
			0,38	∅ = 0,39
	Süd-Hessen	Sommer 1974	0,56	
			0,09	
			0,09	
			0,03	
			0,07	
			0,10	
			0,02	
			0,04	
			0,10	
			0,77	
			0,06	∅ = 0,18
Wildschwein	Süd-Hessen	Winter 73/74	0,05	
			0,44	
			3,11	
			0,29	
			0,17	
			0,38	
			0,15	∅ = 0,71
Reh	Süd-Hessen	Winter 73/74	0,05	
			0,05	
			0,03	
			0,03	∅ = 0,03

ohreulen (*Asio otus*) und Kranichen (*Grus grus*), die sie im Winter 1968/69 fingen. Die HCB-Werte lagen in einem Bereich von 1,1 bis 405 ppm bei einem sehr ähnlichen Durchschnitt von 48,2 ppm. Diese – im Freiland gewonnen – Zahlen veranlaßten Vos u. Mitarb. 1971 zu systematischen toxikologischen Ermittlungen an Japanischen Wachteln (*Coturnix coturnix japonica*), denen in 5 Gruppen zu je 15 Tieren eine 0; 1; 15; 20 und 80 ppm HCB enthaltende Diät 90 Tage lang verabfolgt wurde. Von der 80-ppm-Variante starben zwischen dem 62. und dem 80. Tag 5 Tiere nach einer kurzen Periode mit schnellem Gewichtsverlust, gesträubter Fiederung, Tremor und Ataxie. Bei der gleichen Gruppe waren auch verstärkte rote Fluoreszenz der Gewebe, Leberschäden, Erythrophagezytosis in der Milz und den Nieren sowie herabgesetzte Reproduktionsraten und Eivolumina zu verzeichnen, nicht aber Veränderungen der Eischalendicke. Ähnliche, wenn auch bei weitem nicht so ausgeprägte toxische Effekte waren bis herab zur 5-ppm-Gruppe zu beobachten (siehe Tabellen 49, 50 und 51); als „no effect level“ wird von den Autoren 1 ppm HCB bezeichnet.

Tabelle 49
Reproduktionsraten bei Japanischen Wachteln, denen 90 Tage lang eine HCB enthaltende Diät verabfolgt wurde (nach Vos u. Mitarb. 1971)

Konzentration im Futter (ppm)	Schlüpfraten; % aller fertilen Eier, gesammelt an den Tagen 37...46	64...73	81...90
0	36	47	40
1	69	59	62
5	59	56	57
20	27	39	23
80	17	7	0

Tabelle 50
Schalendicke-Index und Volumen von Eiern Japanischer Wachteln, denen 90 Tage lang eine HCB enthaltende Diät verabfolgt wurde (nach Vos u. Mitarb. 1971)

Konzentration im Futter (ppm)	Zahl der Eier	Schalendicke-Index	Volumen
0	25	0,93 ± 0,07	10,0 ± 0,7
1	25	0,96 ± 0,07	9,9 ± 0,3
5	25	0,92 ± 0,09	10,1 ± 0,8
20	25	0,91 ± 0,07	9,4 ± 0,8*
80	25	0,94 ± 0,06	9,1 ± 0,9**

* $P < 0{,}05$ ** $P < 0{,}01$

An den Ergebnissen der Tabelle 51 fällt auf, daß die Organe in den männlichen Tieren durchweg höher kontaminiert waren als bei ihren weiblichen Artgenossen, und daß die Gehirn-Konzentrationen – zum mindesten innerhalb dieser Versuchsperiode und dem gewählten Gehalt im Futter – nur wenig von der täglichen Wirkstoffaufnahme beeinflußt wurden.

Schulze u. Gehrmann (1975) berichten über Jagdstreckenuntersuchungen an Fasanen (*Phasianus colch. colch. L.*) in Hessen, wo in den Jahren 1972 bis

Tabelle 51
HCB in Leber und Gehirn Japanischer Wachteln (ppm) nach 90 Tage dauernden Fütterungsversuchen (Vos u. Mitarb. 1971)

1 ppm HCB im Futter				
	Leber		*Gehirn*	
	7 weibl.	3 männl.	5 weibl.	3 männl.
min.	0,35	0,41	0,22	0,71
max.	1,61	4,39	1,01	3,37
∅	0,79	2,13	0,47	2,32
5 ppm HCB im Futter				
	Leber		*Gehirn*	
	7 weibl.	3 männl.	7 weibl.	3 männl.
min.	4,33	4,10	0,58	1,28
max.	9,22	16,70	1,54	1,55
∅	6,88	8,56	0,99	1,44

1974 HCB-Gehalte im Fett zwischen 100 und 200 ppm, in Einzelfällen sogar über 200 ppm gefunden wurden.

Müller u. Korte (1976) stellten im Verlaufe von Untersuchungen zur Kontamination verschiedener Umweltproben mit Chlorkohlenwasserstoffen in 4 Proben von Eiern nicht genannter Greifvögel aus Oberfranken HCB-Werte von 0,2; 17,5 und 19,0 ppm fest; in einer Probe war HCB nicht nachweisbar.

Schließlich soll noch über ein von D'Arca u. Mitarb. 1973 beschriebenes Vergiftungsgeschehen innerhalb der Avifauna berichtet werden, an dem zwar HCB allenfalls als Mitverursacher beteiligt war, das aber wiederum sehr deutlich die Relationen der Wirkstoffe in Leber und Magen der toten Tiere wiedergibt. In landwirtschaftlich genutzten Gebieten der näheren Umgebung von Rom wurden 1971 und 1973 zwei Massenvergiftungen an (nicht näher bezeichneten) Vögeln beobachtet. Analysen der toten Tiere sowie von Boden- und Wasserproben wiesen auf Parathion als Ursache für die Intoxikationen hin. Auch zeigte sich, daß Organophosphorverbindungen (Parathion und Malathion) weitaus persistenter vor allem im Boden sein können, als dies allgemein in der Literatur beschrieben wird. In dem einen Vergiftungsfall (Dezember 1971 bis Januar 1972) wurden zudem noch außergewöhnlich hohe HCB-Gehalte sowohl in den toten Vögeln als auch in Boden und Wasser nachgewiesen (Tab. 52).

Insgesamt kann eingeschätzt werden, daß freilebendes Wild, vor allem aber carnivore Vögel sowie Fasane bereits sehr hoch mit HCB kontaminiert sind, woraus zu folgern ist, daß

- HCB in den Nahrungsketten stark angereichert wird,

Tabelle 52
Chlororganische und phosphororganische Wirkstoffe in Boden-, Wasser-, Getreide- und Vogelautopsieproben nach Massenvergiftungen von Vögeln im Winter 1971/72 in der Umgebung von Rom; Durchschnittswerte von 4 Orten (nach D'ARCA u. Mitarb. 1973)

Substrat	Wirkstoff-Rückstände in ppm					
	γ-HCH	HCB	Chlor-diene	DDT + DDE	Parathion	Malathion
Boden	0,002	0,038	–	0,293	4,55	3,63
Wasser	–	1×10^{-4}	Spuren	–	4×10^{-4}	5×10^{-4}
Saatgut aus den Böden	0,004	0,013	Spuren	0,017	0,38	Spuren
Leber der toten Tiere	0,040	1,543	0,305	0,449	0,28	0,04
Mägen der toten Tiere	0,082	0,637	0,042	1,219	20,36	1,81

- Hege- und andere Schutzmaßnahmen in Revieren, die an Felder mit HCB-gebeizter Getreideaussaat grenzen, notwendig und
- gleichfalls intensive Kontrollen von Wildgeflügel auf HCB-Rückstände durchzuführen sind.

5.5. HCB in Lebens- und Futtermitteln

Die – außer der beruflichen Exposition – mengenmäßig bedeutendste Ressource des menschlichen Organismus für Fremdstoffe sind die Lebensmittel und indirekt – über tierische Produkte – die Futtermittel. Deshalb sollen diese Medien an letzter Stelle, unter zusammenfassenden Aspekten behandelt werden.

LEONI und D'ARCA (1975) stellten umfangreiche Untersuchungen zum Gehalt zahlreicher Lebensmittel und Lebensmittelgrundstoffe in den Städten Rom und Mailand mit HCB an. Aus der Tabelle 53, in der die Ergebnisse dieser Recherchen zusammengefaßt sind, ist zu erkennen, daß vor allem Fette und Öle, sowie Produkte, die reich an diesen Substraten sind, (Schweinefleisch), die bei weitem höchsten HCB-Kontaminationswerte repräsentieren. Demgegenüber sind Getreide, Brot, Hülsenfrüchte, Wein, Zucker und Frischgemüse nur mit HCB-Spuren behaftet. In Obst, Möhren und Wurzelgemüse sowie Kartoffeln konnte gar kein HCB nachgewiesen werden.

Dies scheint, was die *Kartoffeln* betrifft, mit den Ergebnissen von ROSIVAL und SZOKOLAY (1975) aus der Slowakei nicht übereinzustimmen (Tab. 54).

Jedoch könnte hier der Anteil an α und δ-HCH, die gemeinsam mit dem HCB nachgewiesen wurden, und möglicherweise im Boden noch aus früheren Behandlungen mit technischem HCH stammen, einen höheren HCB-Gehalt vortäuschen.

Tabelle 53
HCB-Rückstände in Lebensmitteln aus Italien, (Rom und Mailand) (nach LEONI und D'ARCA 1975)

Lebensmittel	Zahl der untersuchten Proben	Rückstände von HCB (ppb) Minimum	Maximum	Durchschnitt
Brot	66	n.n.	2,9	1,1
Reis	16	0,3	1,1	0,8
Trockenhülsenfrüchte	47	0,2	5,1	2,4
Frischgemüse	48	n.n.	1,8	0,5
Kartoffeln	48	–	–	n.n.
Möhren u.a. Wurzelgemüse	14	–	–	n.n.
Frischobst	48	–	–	n.n.
Rindfleisch	40	n.n.	1,4	0,7
Schweinefleisch	16	9,1	40,9	25,0
Hühner	14	n.n.	11,5	5,7
Eier	14	1,7	7,5	4,7
Frischfisch	24	n.n.	1,8	0,7
Milch	63	0,2	17,2	4,1
Butter	8	–	–	133,0
Käse	16	n.n.	25,1	12,6
Olivenöl	42	n.n.	53,8	13,1
Wein	93	n.n.	0,6	0,1
Zucker	20	n.n.	0,6	0,2

Tabelle 54
Rückstände von Chlorkohlenwasserstoffen in 142 Kartoffelproben aus der Slowakei 1971 bis 1973 (mg/kg) (nach ROSIVAL u. SZOKOLAY 1975)

	γ-HCH	β-HCH	α- + δ-HCH + HCB	p,p'-DDE	p,p'-DDT
⌀	0,012	0,003	0,010	0,019	0,018
min.	0	0	0	0	0
max.	0,171	0,038	0,090	0,120	0,093

Eine überraschend gute Übereinstimmung der Ergebnisse liegt dagegen für *Butter* vor, wobei hier aus der Tabelle 55, noch zu entnehmen ist, daß das HCB zum Hauptkontaminanten gegenüber den anderen Chlorkohlenwasserstoffen wird.

MAHIEU (1974) untersuchte den Kontaminationsgrad der *Milch* in 6 verschiedenen Regionen Frankreichs an den wichtigsten Chlorkohlenwasserstoffen, wobei er versuchte jahreszeitliche Trends festzustellen (Tab. 56).

Tabelle 55
Rückstände von Chlorkohlenwasserstoffen in 193 Butterproben Milchfett, entsprechend einer Menge von 10^6 hl Milch aus der Slowakei 1971 bis 1973 (mg/kg) (nach ROSIVAL u. SZOKOLAY 1975)

	γ-HCH	β-HCH	α- + δ-HCH + HCB	p,p'-DDE	p,p'-DDT
∅	0,041	0,044	0,102	0,130	0,065
min.	0,006	0,003	0,020	0,004	0,010
max.	0,157	0,117	0,663	0,420	0,310

Tabelle 56
Rückstände einiger Chlorkohlenwasserstoffe in der Milch aus 6 verschiedenen Regionen Frankreichs in den Jahren 1970–1973 (nach MAHIEU 1974)

Wirkstoff	Durchschnittliche Rückstände (ppb) in den Jahreszeiten					
	Winter 70/71	Juni 71	Sept. 71	März 72	Sept. 72	März 73
α-HCH	496	167	188	107	27	44
β-HCH	225	92	114	96	28	30
γ-HCH	54	33	46	57	255	71
HCB	66	44	49	41	61	86
Heptachlor-epoxid	176	134	87	181	261	1101

Die Ergebnisse lassen zwei Aussagen zu: einmal bleibt der HCB-Gehalt, unabhängig von der Jahreszeit, etwa gleich und zum anderen ist eine deutliche Abnahme von α- und β-HCH zugunsten einer Zunahme von γ-HCH zu erkennen, was wahrscheinlich auf den Ersatz technischer HCH-Präparate durch Lindan zurückzuführen sein dürfte.

GOURSAUD und Mitarbeiter (1972) untersuchten Milchproben aus verschiedenen Einzugsbereichen in Nordfrankreich und konnten vor allem in Gegenden, in denen Endivien angebaut wurden, HCB in der Milch nachweisen. Die Pflanzen werden gegen Sklerotinose mit HCB enthaltenden PCNB-Präparaten behandelt und die Wurzeln, sowie Blattabfälle verfüttert. Aber auch Futtermittel, die offenbar auf Böden, die zuvor mit Endivien bestellt worden waren, gezogen wurden, enthielten größere Mengen an HCB und verursachten HCB-Kontaminationen der Milch. DEJONCKHEERÈ und Mitarbeiter (1975b) untersuchten in Belgien im Zeitraum von Februar bis Mai 1974 101 Proben von ***Fleisch*** und ***Fleischprodukten*** (Fette, Schinken, Wurst) auf Rückstände verschiedener Chlorkohlenwasserstoffe. Die Ergebnisse (Tab. 57) wurden in Kontaminationsbereiche eingeteilt. Auffällig ist die besonders hohe Kontamination mit HCB.

Besonders hohe HCB-Rückstände wurden in fettreichen Schweinefleischarten (gekochter Schinken bis zu 1,1 ppm) sowie in vorwiegend aus Schweinefleisch zubereiteten Wurstarten (bis zu 0,7 ppm) nachgewiesen. Die Werte übersteigen bei weitem die von LEONI und D'ARCA (1975) in der Tabelle 53 wiedergegebenen Durchschnittszahlen.

Tabelle 57
Rückstände verschiedener Chlorkohlenwasserstoffe in Fleisch und Fleischprodukten; 101 Proben, untersucht im Februar bis Mai 1974 in Belgien (nach DEJONCKHEERE und Mitarbeiter 1975b)

Rückstände (ppm)	HCB	β-HCH	γ-HCH	DDE	p,p'-DDT
<0,02	23	61	69	22	–
0,02...0,05	13	33	28	41	46
0,05...0,10	18	6	3	31	25
0,10...0,20	28	–	2	6	21
0,20...0,30	10	1	–	–	4
0,30...0,40	2	–	–	1	3
0,40...0,50	2	–	–	–	–
0,50...1	4	–	–	–	2
>1	1	–	–	–	–

GREVE (1973) setzte die Kontamination tierischer Produkte mit HCB- und gleichzeitig mit Pentachlorbenzol, das er als Verunreinigung oder Begleitprodukt von HCB in einem Anteil von 7 bis 15% betrachtet – in Zusammenhang in entsprechenden Konzentrationen der Chlorkohlenwasserstoffe in *Futtermitteln.*

So fand der Autor im Fett von Schweinen eines landwirtschaftlichen Produzenten abnorm hohe Werte von 3,5 ppm HCB im Durchschnitt. Proben verschiedener Futtermittel in dem gleichen Betrieb enthielten bis zu 45 ppm HCB und 3,7 ppm Pentachlorbenzol. Besonderes Interesse widmen GREVE (1973), aber auch DEJONCKHEERE und Mitarbeiter (1974) Weizenkleie-Pellets, die nach Belgien aus Argentinien importiert worden waren. Aus der Tabelle 58 ist zu entnehmen, daß die durchschnittlichen Mengen an HCB, α-HCH und p,p'-DDT in den Futtermitteln etwa gleich, jedoch die durch das HCB in den Futtermitteln verursachten Kontaminationen in den tierischen Fetten wesentlich höher waren, als bei dem α- und γ-HCH und dem p,p'-DDT.

MÜLLER und KORTE (1976) fanden in *Hühnereiern* aus zwei verschiedenen Betrieben im Eigelb 0,02 bis 0,1 ppm HCB, was offensichtlich auf das verwendete Handelsfutter zurückzuführen war (Tab. 59).

Tabelle 58

Halogenkohlenwasserstoffe in Futtermitteln und tierischen Fetten und Fleischprodukten, nach der Verfütterung der Pellets in Belgien 1972/73 (nach DEJONCKHEERE und Mitarb. 1974)

Wirkstoffe	Anzahl der Proben	Rückstände mg/kg Minimum	Maximum	Durchschnitt
	Weizenkleiepellets			
HCB	117	0,023	0,70	0,226
α-HCH	94	0,06	1,50	0,26
γ-HCH	94	0,015	0,75	0,100
DDD + o,p'-DDT	88	n.n.	0,26	0,064
p,p'-DDT	99	0,07	1,37	0,281
	Tierische Fette			
HCB	26	0,026	0,53	0,192
α-HCH	15	n.n.	0,12	0,013
γ-HCH	15	n.n.	0,48	0,035
DDD + o,p'-DDT	15	0,07	0,28	0,175
p,p'-DDT	15	0,06	1,40	0,198
DDE	15	0,04	0,56	0,151
	Fleischprodukte			
HCB	30	n.n.	0,070	0,024
α-HCH	28	n.n.	0,54	0,048
γ-HCH	28	n.n.	0,26	0,058
DDD + o,p'-DDT	23	n.n.	0,04	0,006
p,p'-DDT	23	0,010	0,20	0,010

Tabelle 59

HCB-Gehalt verschiedener Handelsfutterarten aus Bayern (nach MÜLLER u. KORTE 1976)

Handelsnamen	Bestimmung	ppm HCB
„Deuka“	Legemehl	0,02
„Feldmodünger“	Legemehl	0,01
„Altromin“	Versuchstierfutter	0,02
„Baywa“	Schweinemastfutter	0,01

Aus der Beobachtung, daß eine – nicht näher bezeichnete Sorte – von Legemehl die zehnfache Menge an HCB (0,2 ppm) enthielt, wird gefolgert, daß der Wirkstoff hauptsächlich aus der Fischmehlkomponente stammt. Eine Legehenne, der 18 Monate lang ein 0,01 ppm HCB-enthaltendes Futter verabreicht wurde, enthielt im Bauchfett 0,44, im Halsfett 0,54 und in der Leber 0,32 ppm

HCB. In Hühnereiern fanden MÜLLER und KORTE (1976) nach Verfütterung von HCB-gebeiztem Getreide bis zu 12 ppm des Wirkstoffes. In einer umfassenden Arbeit wurden von DORN und KNÖPPLER (1977) in den Jahren 1973 bis 1976 in Bayern Geflügelfleisch und - fettgewebe sowie Hühnereier auf Rückstände chlorierter Kohlenwasserstoffe und anderer Umweltnoxen untersucht. Hierbei konnte festgestellt werden, daß das HCB mengenmäßig innerhalb der Kontamination mit Halogenkohlenwasserstoffen an die erste Stelle gerückt ist.

Tabelle 60
Rückstände von chlorierten Kohlenwasserstoffen in 970 Eiproben (1 Probe: Homogenat von 30 Eiern ohne Schale) aus Bayern (nach DORN u. KNÖPPLER 1977)

Zahl der Proben im Bereich von mg/kg	HCB	Lindan	α-HCH	DDT	DDE	DDD	Heptachlorepoxil
n.n.	442	593	936	865	469	935	908
≦0,02	449	358	34	70	476	35	61
>0,02...0,10	67	14	0	35	18	0	1
>0,10...0,30	10	0	0	0	4	0	0
>0,30...0,50	1	0	0	0	3	0	0
>0,50...1,00	1	0	0	0	0	0	0

Tabelle 61
Rückstände von chlorierten Kohlenwasserstoffen in 286 Masthähnchen, 132 Suppenhennen und 73 Putenproben aus Bayern (nach DORN u. KNÖPPLER 1977). 1 Probe: Fettgemisch von 15 Tieren aus einem Erzeugerbetrieb

Zahl der Proben im Bereich von mg/kg	HCB			Lindan			DDT			DDE			Heptachlorepoxid		
	M	S	P	M	S	P	M	S	P	M	S	P	M	S	P
n.n.	14	3	0	152	12	1	139	25	12	17	0	2	231	38	18
≦0,02	54	58	27	105	94	55	30	8	7	154	53	36	55	94	55
>0,02...0,10	209	63	43	26	15	14	108	89	44	84	69	30	0	0	0
>0,10...0,30	9	4	3	3	4	3	9	9	10	31	6	3	0	0	0
>0,30...0,50	0	1	0	0	5	0	0	1	0	0	4	2	0	0	0
>0,50...1,00	0	3	0	0	1	0	0	0	0	0	0	0	0	0	0

M = Masthähnchen; S → Suppenhennen; P = Puten

Zuletzt sollen noch die Ergebnisse von Praxisuntersuchungen von ROSIVAL und SZOKOLAY (1975) zitiert werden (Tab. 62), die etwa mit denen von MÜLLER und KORTE (1976) übereinstimmen, dagegen weitaus höhere Werte zeigen als die von LEONI und D'ARCA (1975) gemessenen.

Tabelle 62
Rückstände von Chlorkohlenwasserstoffen in 57 Proben von Hühnereiern (Eigelb) aus der Slowakei 1971 bis 1973 (mg/kg) (nach ROSIVAL und SZOKOLAY 1975)

	γ-HCH	β-HCH	α-HCH + δ-HCH + HCB	p,p'-DDE	p,p'-DDT
∅	0,025	0,010	0,011	0,041	0,092
min.	0	0	0	0	0
max.	0,267	0,084	0,256	0,265	1,760

Von besonderem Interesse ist der Kontaminationsgrad von Pflanzen, die für diätetische und vor allem für Heilzwecke Verwendung finden sollen, da dafür generell „Rückstandsfreiheit", gefordert wird, d. h. daß für solche Drogen die strengsten Maßstäbe anzusetzen sind. CORVI und VOGEL (1976) untersuchten mehr als 100 Proben verschiedener Drogen, die z.T. kultiviert worden waren, wie z.B. Pfefferminze, Anis u.a., aber auch solche, die in Wald und Wiesen, fernab von landwirtschaftlichen Anwendungen der Halogenkohlenwasserstoffe oder ihrer industriellen Produktion, gesammelt worden waren (Erdbeerblätter, Salbei, Schafgarbe, Eisenhut). Bereits eine flüchtige Betrachtung der Ergebnisse zeigt, daß einmal die Kontaminationsgrade z.T. erheblich oberhalb der tolerierbaren Schwellenwerte liegen und zum anderen, daß praktisch keine Unterschiede zwischen kultivierten und den frei wachsenden Pflanzen hinsichtlich ihrer Kontaminationen mit Halogenkohlenwasserstoffen bestehen.

Hinsichtlich der Lebens- und Futtermittelkontamination mit HCB kann gefolgert werden, daß

- die wichtigsten Kontaminationsquellen offenbar insgesamt landwirtschaftlichen Ursprungs sind, wobei die Verunreinigungen von Pflanzenschutzmitteln, insbesondere von PCNB mit HCB eine der Hauptquellen ist,
- die Verfütterung von mit HCB gebeiztem Getreide vor allem in Kleinbetrieben immer noch eine große Rolle spielt und zumeist für extrem hohe HCB-Werte verantwortlich zeichnet,
- Fischmehl als Komponente industriemäßig hergestellten Futters für den wichtigsten Eintrag des Wirkstoffes in diese Ressource sorgt,
- der Anteil des industriebedingten Eintrages von HCB in Lebens- und Futtermittel weiter zu überprüfen ist und
- die bisher gängigen und praktikablen Regelungen der Toleranzen von HCB in Lebens- und Futtermitteln unter den neuen Aspekten des diffusen Eintrages zu überprüfen sind.

Tabelle 63
Rückstände chlorierter Kohlenwasserstoffe (ppb) in Trockengut von Heil- und Gewürzpflanzen aus der Haute Provence, Frankreich (nach CORVI u. VOGEL 1976)

	α-HCH	β-HCH	γ-HCH	Dieldrin	p,p'-DDE	DDT	HCB
Anis, 5 Proben							
Max.	175	48	91	n.n.	13	180	15
Min.	45	n.n.	20	n.n.	n.n.	25	n.n.
∅	88	11	51	n.n.	3	90	5
Erdbeerblätter, 5 Proben							
Max.	72	50	102	45	30	454	13
Min.	10	n.n.	16	n.n.	4	17	n.n.
∅	42	12	69	10	14	183	4
Pfefferminze, 9 Proben							
Max.	2115	54	360	6	97	219	480
Min.	15	n.n.	10	n.n.	n.n.	n.n.	n.n.
∅	278	29	89	2	36	105	93
Salbei, 11 Proben							
Max.	290	120	125	70	145	995	112
Min.	5	n.n.	2	n.n.	n.n.	11	n.n.
∅	133	44	54	7	28	163	16
Eisenhut, 7 Proben							
Max.	165	21	500	20	6	114	50
Min.	8	n.n.	3	n.n.	n.n.	n.n.	n.n.
∅	58	6	117	3	2	58	17
Schafgarbe, 1 Probe							
	40	16	64	n.n.	2	27	26

6. Zusammenfassung

Persistente organische Verbindungen, z.B. Polyaromaten oder Halogenkohlenwasserstoffe, sind in zahlreichen biotischen und abiotischen Medien der Umwelt nachweisbar. Sie sind zum größten Teil extrem milieufremde, unphysiologische Stoffe mit vielfältigen biologischen Aktivitäten. Diese treten besonders dann in Erscheinung, wenn die Verbindungen bzw. ihre Ab- und Umbauprodukte in biologischen Ketten (vor allem in Nahrungsketten) akkumuliert werden und in den Endgliedern solcher Ketten (Mensch, Greifvogel) angereichert erscheinen. Ausgangspunkte für die Beherrschung solcher Vorgänge sind qualitative und quantitative Kenntnisse über die Eintragsquellen der Stoffe und ihr Verhalten in Pedo-, Hydro- und Atmosphäre sowie den in diesen Medien lebenden Organismen. Die bisher diesbezüglich am besten studierte Verbindung, das Insektizid DDT, hatte nur eine Quelle und einen Einsatzbereich und konnte – da sie hinsichtlich der Herstellung, des Umganges und der Anwendung zumeist klaren staatlichen Restriktionen unterlag – auch in ihrem Verhalten in Medien und Organismen gut studiert und kontrolliert werden.

Eine ganz neue Situation ergibt sich beim Hexachlorbenzol (HCB), das sowohl als gezieltes Produkt, wie als Verunreinigung gezielt angewandter Stoffe und schließlich als Abprodukt in alle Umweltmedien eingetragen wird. Die chemischen und physikalischen Eigenschaften (sehr geringe chemische Reaktionsbereitschaft sowie extrem niedrige Wasser- und gute Lipoidlöslichkeit) übertreffen entsprechende Aktivitäten des DDT einschließlich dessen toxikologischer und ökotoxikologischer Wirkungen.

Unterschiedlich innerhalb der zwei Wirkstoffe sind die vielen diffusen Eintragsquellen des HCB (die qualitativ und quantitativ noch nicht erschlossen sind) und die gezielte Anwendung des DDT. Hervorgehoben wird die geringe Menge des gezielt eingesetzten HCB (die sich seit 1945 etwa im 100-t-Maßstab bewegen dürfte) im Gegensatz zu den 3 bis 4 Millionen t DDT, die im gleichen Zeitraum zur Schädlingsbekämpfung angewandt wurden. Im Gegensatz hierzu bewegen sich die in den biotischen und abiotischen Umweltmedien (vor allem im Humanfett und der Humanmilch) gefundenen Mengen an HCB etwa in der gleichen Größenordnung.

Beschrieben werden chemische, physikalische und toxikologische Eigenschaften des HCB, seine Persistenz und Wirkungen in Wasser, Boden und den Bewohnern dieser Medien sowie die Akkumulation des Wirkstoffes in menschlichen Organen und Geweben, in freilebendem Wild, Avifauna, Lebens- und Futtermitteln.

Aus den hierbei gewonnenen Erkenntnissen werden die folgenden *Schlußfolgerungen* gezogen:

- Mit der Präsenz des HCB in allen Umweltmedien ist für die nächsten 50 bis 100 Jahre zu rechnen; Restriktionen seines einzigen gezielten Einsatzes (in der Landwirtschaft) können wegen der Vielzahl der (kaum kontrollierbaren) Eintragsquellen nicht Effekte erzielen, die mit ähnlichen Maßnahmen bei dem DDT vergleichbar wären
- Infolge seiner guten Lipoid- und schlechten Wasserlöslichkeit, verbunden mit der Akkumulation im Fettgewebe, bietet der HCB-Gehalt im Humanfett (das in Biopsieproben leicht beschaffbar ist) einen nahezu idealen Indikator für die stoffliche Umweltqualität
- Weitere Untersuchungen über Eintragsquellen sowie den Ab- und Umbau von HCB in den Umweltmedien und deren Bewohner sind dringend notwendig.

Literatur

ABBOT, D. C.; COLLINS, G. B.; GOULDING, R.: Organochlorine pesticide residues in human fat in the United Kingdom 1969–71. Brit. Med. J. 1972 III., 553–556.

ACKER, L.: Dt. Lebensm.-Rundsch. 70. 1974, 5; zit. bei BODENSTEIN 1976.

ACKER, L.; SCHULTE, E.: Über das Vorkommen von PCB und Hexachlorbenzol neben chlorierten Insektiziden in Humanmilch und menschlichem Fettgewebe. Naturwissenschaften 57. 1970, 497.

ACKER, L.; SCHULTE, E.: Zum Vorkommen von Hexachlorbenzol und polychlorierten Biphenylen neben chlorierten Insektiziden im menschlichem Fettgewebe und in Humanmilch. Ernährungsforschung 16. 1971, 559–597.

ACKER, L.; SCHULTE, E.: Naturwissensch. 61. 1974, 32; zit. bei BODENSTEIN 1976.

D'ARCA, S. U.; LEONI, V.; D'ALESSANDRO DE LUCA, E.: Su fenomeni di maria di volatili causati dall'uso di pesticidi in agricoltura. Nuovi Annali D'Igiene e Microbiologia (Roma) 24. 1973, 149–155.

ALBRO, P. W.; THOMAS, R.: Intestinal absorption of hexachlorobenzene and hexachlorocyclohexane isomers in rats. Bull. Environ. Contam. Toxicol. 12. 1974, 289–294.

AVRAHAMI, M.; GERNERT, I. L.: Hexachlorobenzene antagonism to dieldrin storage in adipose tissue of female rats. New Zealand Journ. Agric. Res. 15. 1972, 783–787.

AVRAHAMI, H.; STEELE, R.: Hexachlorobenzene. I. Accumulation and elimination of HCB in sheep after dosing. New Zealand J. Agric. Res. 1972a, 476–481.

AVRAHAMI, H.; STEELE, R. T.: Hexachlorobenzene. II. Residues in laying pullets fed HCB in their and the effects on egg production, egg hatchability, and on chickens. New Zealand J. Agric. Res. 15. 1972b, 482–488.

BECK, J.; HANSEN, K. E.: The degradation of quintozene, pentachlorobenzene and pentachloroaniline in soil Pestic. Sci. 5, 1974, 41–48.

BODENSTEIN, G.: Tocicology of Lindane. S. 11–75, in: ULMANN, E.: Lindane. II. Supplement, Verl. Karl Schillinger, Freiburg i. Br. 1976.

BOURION, F.; COURTOIS, C.: Compte rendu général 172. 1921, 136: zit. bei GILBERTSON u. REYNOLDS (1972).

BRADY, M. N.; SIYALY, D. S.: Hexachlorobenzene in human fat. Med. J. Austral. 1. 1972, 158–161.

BURNS, J. E.; MILLER, F. M.; GOMES, E. O.; ALBERT, R. A.: Hexachlorobenzene exposure from contaminated DCPA in vegetable spraymen. Arch. Environ. Health 29. 1974, 192–194.

BURNS, J. E.; MILLER, F. M.: Hexachlorobenzene contamination: Its effects in a Lousiana population. Arch. Envir. Health 30. 1975, 44–48.

CAM, C.; NYGOGOSIAN, G.: Acquired porphyrin cutanea carda due to hexachlorobenzene. J. Am. Med. Assoc. 183. 1963, 88–91.

CORVI, C.; VOGEL, J.: Résidus de pesticides chloris dans les plantes aromatiques. Trav. chim. aliment. hyg. 67. 1976, 262–268.

CURLEY, A.; BURSE, V. W.; JENNINGS, R. W.; VILLANEUVA, E. C.; TOMATIS, L.; AKAZAKI, K.: Chlorinated hydrocarbon pesticides and related compounds in adipose tissue from people of Japan. Nature 242. 1973, 338–340.

DEJONCKHEERE, W.; STEURBAUT, W.; KIPS, R. H.: Residues d'hexachlorobenzéne (HCB) et d'insecticides organo-chlorés dans les pollarad-pellets, les aliments du bétail et la graisse animale. Rev. de l'Agric. 27. 1974, 325–340.

DEJONCKHEERE, W.; STEURBAUT, W.; KIPS, R. H.: Residues of quintozene, hexachlorobenzene, dichloran and pentachloroaniline in soil and lettuce. Bull. Envir. Contam. Tocicol. 13. 1975a, 720–729.

DEJONCKHEERE, W.; STEURBAUT, W.; KIPS, R. H.: Résidus de pesticides dans la viande et les produits de viande. Revue de l'Agriculture 6 1975b, 1542–1553.

DEJONCKHEERE, W.; STEURBAUT, W.; KIPS, R. H.: Residues of quintozene, its contaminants and metabolites in soil, lettuce and witloof-chicory, Belgium-1969-74 Pestic. Monit. J. 10. 1976, 68–73.

DORN, P.; KNÖPPLER, H. O.: Rückstandsuntersuchungen auf chlorierte Kohlenwasserstoffe und Umweltchemikalien an Eiern und Geflügelfleisch. Berl. Münch. Tierärztl. Wsch. 90. 1977, 137–140.

VAN DIJCK, R.; VAN DE VOORE, H.: Mutagenicity versus carcinogenity of organochlorine pesticides. Mededeel. Foc. Landbowwetensch. Rijksuniv. Gent. 41. 1976, 1491–1498.

EICHNER, M.: Chlorkohlenwasserstoff-Pestizide in Oberrhein und Bodensee. Z. Lebensmittelunters. Forsch. 161. 1976, 327–336.

ENGST, R.; MACHOLZ, R. N.; KUJAWA, M.: Metabolismus des Lindans. Abbau von Lindan durch Schimmelpilzkulturen. Unkonjugierte Metabolite. Nahrung 18. 1974, 737–745.

ENGST, R.; MACHOLZ, R. M.; KUJAWA, M.: The metabolism of hexachlorobenzene (HCB) in rats. Bull. Environ. Contam. Tocicol. 16. 1976, 248–252.

ENGST, R.; MACHOLZ, R. M.; KUJAWA, M.: Zur Kontamination der Umwelt mit Hexachlorbenzol. Nahrung 21. 1977, 231–234.

FREITAG, D.; WEISGERBER, J.; KLEIN, W.; KORTE, F.: Beiträge zur ökologischen Chemie LXXVI. Schicksal von Hexachlorbenzol – ^{14}C in Sommerweizen und Boden nach Saatgutbehandlung. Chemosphere 4. 1974, 139–142.

FRIES, G. F.; MARROW, G. S.: Hexachlorobenzene retention and excretion by dairy cows. J. Dairy Sci. 59. 1976, 475–480.

GEIKE, F.; PARASHER, C. D.: Effect of hexachlorobenzene on some growth parameters of Chlorella pyrenoidosa. Bull. Environ. Contam. Toxicol. 15. 1976, 670–677.

GILBERTSON, M.; REYNOLDS, L. M.: Hexachlorobenzene (HCB) in the eggs of common terns in Hamilton Harbour, Ontario. Bull. Environ. Contam, Toxicol. 7. 1972, 371–337.

GOVINDARAJU, K.; VLASSAK, K.: Nitrogenase activity and nitrogen mineralization in soils in the presence of PCB and HCB. Mededeel. Foc. Landbowwetensch. Rijksuniv. Gent, 41. 1976, 607–615.

GOURSAUD, J.; LUQUET, F. M.; BOURDIER, J. F.; CASALIS, J.: Sur la pollution du lait par les résidus d'hexachlorobenzéne (HCB). Industr. allmagr. 1972, H. 1, 31–35.

GRÈVE, P. A.: Sci. Total Environm. 1. 1972, 173 zit. bei LEONI und D'ARCA (1975).

GREVE, P. A.: Pentachlorobenzene as a contaminant of animal fed. Mededeel. Foc. Landbowwetensch. Rijksuniv. Gent. 38. 1973, 775–784.

HÄFNER, M.: Untersuchungen zur Kontamination von Gartenerden und landwirtschaftlich genutzten Böden mit Hexachlorbenzol und Pentachlornitrobenzol. Gesunde Pflanzen 27. 1975a 81–95.

HÄFNER, M.: Über die Aufnahme von Hexachlorbenzol und Pentachlornitrobenzol durch Gemüsepflanzen. Gesunde Pflanzen 27. 1975b, 169–178.

HEINISCH, E.; BEITZ, H.; HARTISCH, J.: Erste Untersuchungen zum Übergang von Dichlordiphenyl-trichloräthan (DDT) aus dem Boden in Pflanzen mit lipophilen Inhaltsstoffen. Nahrung 12. 1968, 199–200.

ISENSEE, A. R.; HOLDEN, E. R.; WOOLSON, E. A.: Soil persistence and aquatic bioaccumulation potential of hexachlorobenzene (HCB). J. Agr. Food Chem. 24. 1976, 1210–1214.

IWANOW, E.; CHLEBAROWA, M.; KRUSTEW, I.; DIMITROW, R.; ORBETZOVA, V.; NENOV, P.; KIRJAKOW, A.; TISENTSCHEWA, A.: Biochemische und histomorphologische Veränderungen bei der experimentell durch Hexachlorbenzol hervorgerufenen Porphyrie. Acta Hepato-Gastroentrologica. 20. 1973, 39–48.

KOEMAN, J. H.; TEN NOEVER DE BRAUW, M. C.; DE VOS, R. H.: Chlorinated biphenyls in fish, mussels and birds from the river Rhine and the Netherlands coastal area. Nature 221. 1969, 1126–1128.

KOEMAN, J. H.; VINK, A. J. A.; DE GOEIJ, J. J. M.: Causes of Mortality in birds of prey and owls in the Netherlands in the winter of 1968–1969. Ardea 57. 1969, 67–76.

KOHLI, J.; WEISGERBER, I.; KLEIN, W.: Balance of conversion of [^{14}C] lindane in lettuce in hydroponic culture. Pesticide Biochem. Physiol. 6. 1976, 91–97.

KOSS, G.; KORANSKY, W.: Studies on the toxicology of hexachlorobenzene. I. Pharmacocinetics techn. Toxicol. 34. 1975, 203–212.

KOSS, G.; KORANSKY, W.; STEINBACH, K.: Studies on the toxicology of hexachlorobenzene II. Identification and determination of metabolites. Arch. Toxicol. 35. 1976, 107–114.

KOSS, G.; MANZ, D.: Residues of hexachlorobenzene in wild mammals in Germany. Bull. Environ. Contam. Toxicol. 15, 1976, 186–191.

KUJAWA, M.; HÄRTIG, M.; MACHOLZ, R. M.; ENGST, R.: Der Abbau von ^{14}C – Lindan durch eine Schimmelpilzkultur. Nahrung 20. 1976, 181–183.

LASKA, A. L.; BARTELL, C. K.; LASETER, J. L.: Distribution of hexachlorobenzene and hexachlorobutadiene in water, soil, and selected aquatic organism along the lower Mississippi River, Louisiana. Bull. Envir. Contam. Toxicol. 15. 1976, 535–542.

LEHOTZKY, K.; DESI, J.; BORDAS, S.: Neurotic effects of hexachlorobenzene. Egeszsegtudomany 15. 1971, 52–58; Ref.: Chem. Abstr. 75. 1971, 7–47330.

LEONI, V.; D'ARCA, S. U.: Experimental data and critical review of the occurrence of hexachlorobenzene in the italian environment. Sci. Total Environ. 5. 1975, 253–272.

LEVIN, E. S.; FODIMAN, Z. I.: Zhurn. fiz. klimii 28. 1954, 601; zit. bei GILBERTSON und REYNOLDS (1972).

LUNDE, G.; BAUMANN-OLFSTAD, E.: Determination of fat-soluble compounds in fish. Z. Anal. Chem. 282. 1976, 395–399.

LUQUET, F.; GORSAUD, J. G.; CASALIS, J.: Ann. Fals. Expert. Chim. 67. 1974, 217; zit. bei BODENSTEIN 1976.

MAHIEU, H.: L'évolution de la contamination du lait par les insecticides organochlorés entre 1970 et 1972. Le Lait. 54. 1974, 1–15.

MEHENDALE, H. M.; FIELDS, M.; MATTHEWS, H. B.: Metabolism and effects of hexachlorobenzene on hepatic microsomal enzymes in the rat. J. Agr. Food. Chem. 23. 1975, 261–265.

MELNIKOW, N. N.: Chemistry of pesticides. Residue Reviews, New York, Heidelberg, Berlin (West) 36. 1971.

MORITA, M.; USHIO, F.; NISHIZAWA, T.; FUKANO, S.; DOGUCHI, M.; MIMURA, S.: Hexachlorobenzene in foods. J. Food Hyg. Soc. Jpn. 16. 1975, 53–54.

MÜLLER, W.; KORTE, F.: Beiträge zur ökologischen Chemie CXVII. Polychlorierte Biphenyle und Hexachlorbenzol in Umweltproben aus dem süddeutschen Raum. Chemosphere 2. 1976, 95–100.

MUMMA, C. E.; LAWLESS, E. W.: Task I — Hexachlorobenzene and hexachlorobutadiene pollution from chlorcarbon processes. EPA Report Nr. 530-3-75-003, US Environmental Protection Agency, Washington D. C., 1975.

NEWTON, K. G.; GREENE, N. C.: Pest. monit. J. 8 1972, 4; zit. bei LEONI und D'ARCA (1975).

PARKE, D. V.; WILLIAMS, R. T.: Studies on detoxication. 81. The metabolism of halogenobenzenes: (a) penta- and hexachlorobenzenes. (b) further observations on 1,3,5-trichlorobenzene. Biochem. J. 75. 1960, 5–9.

PEDERSEN, L. G.; CARISON, G. L.: The planarity of hexachlorobenzene: An ab initio investigation. J. Chem. Phys. 62. 1975, 2009–2010.

PERKOW, W.: Wirksubstanzen der Pflanzenschutz- und Schädlingsbekämpfungsmittel. Verl. Paul Parey, Berlin (West) und Hamburg 3. Aufl. 1974.

PLIMMER, J. R.; KLINGBIEL, U. I.: Photolysis of hexachlorobenzene. J. Agric. Food Chem. 24. 1976, 721–723.

RAPPL, A.; WAIBLINGER, W.: Dt. Med. Wschr. 100. 1975, 228; zit. bei BODENSTEIN 1976.

ROSIVAL, L.; SZOKOLAY, A.: Ecochemistry of BHC in Czechoslovakia. Pure and Applied Chemistry 42. 1975, 167–176.

ROZMAN, K.; MUELLER, W.; JATROPOULOS, M.; COULSTON, F.; KORTE, F.: Ausscheidung, Körperverteilung und Metabolisierung von Hexachlorbenzol nach oraler Einzeldosis in Ratten und Rhesusaffen. Chemosphere 5. 1975, 289–298.

SACKMAUEROVÁ, M.; PALUŠOVA, O.; SZOKOLAY, A.; UHNÁK, J.: Dynamika rezidui organochlorových pesticidov v biocenóze rieky Dunaj. (Rückstandsdynamik von chlororganischen Pestiziden in der Biozönose der Donau) Agrochémia (Bratislava) 12. 1977, 46–48.

SÁEZ, J. M.; ALBI, T.; VIOQUE, A.: Contaminacion de la poblacion de Andalucia por residuos de insecticides clorados. Grasas y Aceites 28. 1977, 11–22.

SANDERMANN, W.; STOCKMANN, H.; CASTEN, R.: Über die Pyrolyse des Pentachlorphenols. Ber. dtsch. chem. Ges. 90. 1957, 690–692.

SCHLÖR, H.: Chemie der Fungizide. In WEGLER, R.: Chemie der Pflanzenschutz- und Schädlingsbekämpfungsmittel. Bd. 2, Springer-Verlag Berlin, Heidelberg, New York 1970.

SCHMID, R.: Cutaneous porphyria in Turkey. New England J. Med. 263. 1960, 397–398.

SCHULZE, H.; GEHRMANN, J.: Modellversuche an Fasanen mit je 1 Insektizid (Lindan), 1 Herbizid (Terbutryn), 1 Mineraldünger (Kalkammonsalpeter) und 1 Fungizid (HCB). III. Mitteilung (Abavit.-HCB). Dtsch. Tierärztl. Wschr. 82. 1975, 181–205.

SEIDLER, H.; MACHOLZ, R. M.; HÄRTIG, M.; KUJAWA, M.; ENGST, R.: Untersuchungen über den Metabolismus einiger Insektizide und Fungizide in der Ratte. Nahrung 19. 1975, 473–482.

SMELT, J. H.; LEISTRA, B.: Hexachlorobenzene in soils and crops after soil treatment with pentachloronitrobenzene. Agriculture and Environment 1. 1974, 65–71.

STEINWANDTER, H.: Zum Lindanmetabolismus an Pflanzen. I. Bildung von Hexachlorbenzol. Chemosphere 2. 1976, 112–125.

STIJVE, T.: Die Bestimmung und das Vorkommen von Hexachlorbenzol-Rückständen. Mitt. Geb. Lebensmittelunters. Hyg. (Bern) 62. 1971, 406.

SZOKOLAY, A.; ROSIVAL, L.: Rückstände chlororganischer Insektizide im Lebensbereich der ČSSR. (Orig. slowakisch) Československá hygiena 20. 1975, 353–358.

TUINSTRA, L. M. G. TH.: Organochlorine insecticide residues in human milk in the Leiden region. Neth, Milk Dairy. J. 25. 1972, 24–32.

VILLENEUVE, D. C.: The effect of food restriction on the redistribution of hexachlorobenzene in the rat. Toxicol. appl. Pharmacol. 31. 1975, 313–319.

VILLENEUVE, D. C.; HIERLIHY, S. L.: Placental transfer of hexachlorobenzene in the rat. Bull. Environ. Contam. Toxicol. 13. 1975, 489–491.

VILLENEUVE, D. C.; KHERA, K. S.: Placental transfer of halogenated benzenes (pentachloro-, pentachloronitro- and hexabromo-) in rats. Environ. Physiol. Biochem. 5. 1975, 328–331.

VILLENEUVE, D. C.; NEWSOME, W. H.: Toxicity and tissue levels in the rat and guinea pig following acute hexachlorobenzene administration. Bull. Environ. Contam. Toxicol. 14. 1975, 297–300.

VILLENEUVE, D. C.; PANOPIO, L. G.; GRANT, D. L.: Placental transfer of hexachlorobenzene in the rabbit. Environ. Physiol. Biochem. 4. 1974, 112–115.

VOS, J. G.; BREEMAN, H. A.; BENSCHOP, H.: The occurence of the fungicide hexachlorobenzene in wild birds and its toxicological importance. A preliminary communication. Mededeel. Foc. Landbowwetensch. Rijksuniv. Gent. 33. 1968, 1263–1269.

VOS, J. G.; VAN DER MAAS, H. L.; MUSCH, A.; RAM, E.: Toxicity of hexachlorobenzene in Japanese Quail with special to porphyria, liver damage, reproduction and tissue residues. Toxicol. appl. Pharmacol. 18. 1971, 944–957.

WALLNÖFER, P.; KÖNIGER, M.: Modellversuche über die Aufnahme von HCB und polychlorierten Biphenylen durch Kulturpflanzen aus verschiedenen Substraten. Nachrichtenbl. Dt. Pflanzenschutzd. 26. 1974, 54–57.

WALLNÖFER, P.; KÖNIGER, M.; ENGELHARDT, G.: Verhalten von xenobiotischen chlorierten Kohlenwasserstoffen (HCB und PCBs) in Kulturpflanzen und Böden. Z. Pfl.krankh. Pfl.schutz 82. 1975, 91–100.

WEIL, L.; DURÈ, G.; QUENTIN, K. E.: Wasserlöslichkeit von insektiziden chlorierten Kohlenwasserstoffen und polychlorierten Biphenylen im Hinblick auf eine Gewässerbelastung mit diesen Stoffen. Wasser- und Abwasserforschg. 7. 1974, 169–175.

ZIMMERLI, B.; MAREK, B.: Entwicklung einer gaschromatographischen Bestimmungs- und Bestätigungsmethode für Hexachlorbenzolrückstände in Fetten und Ölen. Mitt. Lebensmittelunters. Hyg. (Bern) 63. 1972, 273–289.

ZIMMERLI, B.; MAREK, B.: Die Belastung der schweizerischen Bevölkerung mit Pestiziden. Mitt. Geb. Lebensmittelunters. Hyg. (Bern) 64. 1973, 459–479.

ZISLAVSKY, W.: Untersuchungen von Futtermitteln auf Pflanzenschutzmittelrückstände. Pflanzenarzt (Wien) 26. 1973, 118–121.

ZITKO, V.: Levels of chlorinated hydrocarbons in eggs of Double-Crested Cormorants from 1971 to 1975. Bull. Environ. Contam. Toxicol. 16. 1976, 399–405.

ZITKO, V.; HUTZINGER, O.: Uptake of chlor- and bromobiphenyls, hexachloro- and hexabromobenzene by fish. Bull. Environ. Contam. Toxicol. 16. 1976, 665–673.

o. V. 1964: Japanische Auslegeschrift 1964, Patent- bzw. Anal. Nr. 4313, Togo Rayon Co., Anmeldungsdatum 24. 2. 1962.

o. V. 1973: Environmental contamination from hexachlorobenzene. U.S. Department of Agriculture, Office of Toxic Substances, Report 1973.

o. V. 1975: In Pflanzen kein HCB aus Lindan. Europa-Chemie 6. 1975, 109.

o. V. 1976a: Pflanzenschutzmittelverzeichnis, VEB Deutscher Landwirtschaftsverlag Berlin 1976.

o. V. 1976b: USA-Zunahme bei Pflanzenschutzmitteln. Chem. Ind. (Düsseldorf) 28. 1976, 378.

MIX
Papier | Fördert gute Waldnutzung
FSC® C083411

Zeitfracht Medien GmbH
Ferdinand-Jühlke-Straße 7
99095 Erfurt, Deutschland
produktsicherheit@kolibri360.de